普通高等院校"十二五"规划教材

景观规划GIS技术
应用教程

GIS APPLICATIONS ON LANDSCAPE PLANNING:
SELECTED CASE STUDIES

杜钦 张超 编著

U0199266

中国林业出版社

广西高等教育教学改革工程项目（2013JGA149）

桂林理工大学校级教改工程项目（2012B25、2012B24）

图书在版编目（CIP）数据

景观规划GIS技术应用教程 / 杜钦, 张超主编. ——北京：中国林业出版社, 2014.12（2024.7 重印）

普通高等院校"十二五"规划教材

ISBN 978-7-5038-7806-0

Ⅰ. ①景… Ⅱ. ①杜… ②张… Ⅲ. ①地理信息系统–应用–景观规划–高等学校–教材 Ⅳ. ①TU986.2-39

中国版本图书馆CIP数据核字(2014)第308944号

景观规划GIS技术应用教程

杜钦　张超　编著

策划编辑　吴卉　牛玉莲

责任编辑　吴卉

出版发行　中国林业出版社

　　　　　　邮编：100009

　　　　　　地址：北京市西城区德内大街刘海胡同7号 100009

　　　　　　电话：010－83143552

　　　　　　邮箱：jiaocaipublic@163.com

　　　　　　网址：http://lycb.forestry.gov.cn

经　销　新华书店

印　刷　北京中科印刷有限公司

版　本　2014年12月第1版

印　次　2024年 7 月第3次印刷

开　本　889 mm×1194 mm　1/16

印　张　16.25

字　数　380 千字

定　价　49.00元

内容简介

    本书详细介绍了一系列有关景观规划GIS技术的理论与操作方法。这些技术涵盖了景观规划GIS技术应用的主要方面，包括选址分析技术、坡度分析技术、最佳园路分析技术、引力—阻力分析技术、适宜性分析技术、景观格局指数分析技术、地图数字化技术、遥感影像目视解译技术、三维可视化技术。本书根据景观规划的现实需要，均先行详细介绍每种技术理论与方法背景，之后结合实际应用案例对具体的操作步骤进行介绍，旨在让读者既清楚每种技术的理论内涵又能掌握其在ArcGIS中实现的操作步骤，提高读者景观规划分析的理论与实践水平。

    本书强调科学性、系统性、实用性与易读性的结合。可作为高等院校风景园林专业、环境艺术、景观生态学等相关学科本科生和研究生的教材，也可为规划设计、规划管理、科学研究等部门的科技人员提供参考。

前言 FOREWORD

现代景观规划已成为GIS技术重要的应用领域。当前，风景园林学和其他相关规划学科的专业学生对GIS有着浓厚的兴趣。但是，在学习过程中，当认识到GIS包含地理学科众多的理论基础知识和GIS技术应用领域广的特性（如在地质、农业、环境科学、公共管理等领域）之后，其学习兴趣会逐渐消退。与此同时，很多学生会抱怨地理学、GIS、空间分析等理论内容太过跨专业、太过深奥，仿佛与自己的专业内容关系不大。我们在近几年教学实践中，尝试以某种具体的景观规划GIS技术为主线，把相关GIS、空间分析的理论知识与景观规划GIS技术的实际应用案例结合，发现教学效果会有明显变化。当学生们意识到可以利用GIS技术来解决景观规划中的实际问题时，学习和操作兴趣会极大提升，学习效率也明显提高。换言之，关于GIS的理论与技术是围绕解决景观规划中的实际问题来学习的，而掌握好了这些具体的GIS技术，学生在求职求学中就有了更强的竞争力。

本书面向景观规划类专业的学生、一线规划设计和研究人员。结合编者近十年在景观规划GIS技术方面的探索，详细介绍了一系列有关景观规划GIS技术的理论与操作方法。这些技术涵盖了景观规划GIS技术应用的主要方面，例如，选址分析技术、坡度分析技术、园路分析技术、阻力分析技术、适宜性分析技术等。

本书根据景观规划的现实需要，每种技术均先行详细介绍其理论与方法背景，接下来才进行其具体的操作步骤介绍，旨在让读者清晰了解每种技术的理论内涵，提高读者景观规划分析的技术应用水平。

与现有GIS技术应用教材相比，本书的特点：

（1）空间分析理论与GIS中操作技术并重

在景观规划领域，应用GIS进行空间分析的关键与难点在于：在大量专业研究基础上，对具体规划或研究对象进行客观规律抽象，归结形成某一类空间分析任务的应用模型。本书注重空间分析理论模型与GIS中操作技术并重：① 让读者跳出"被GIS软件操作牵着走"的学习模式，理解空间分析理论与应用模型在解决具体规划或研究问题时的关键性，正确认识GIS软件的平台作用；② 理解由于空间分析理论或应用模型在归结过程中针对的是某一类问题，因此基于GIS的景观规划技术均存在一定的适用范围。在景观规划GIS技术使用过程中，一定要清晰该技术的适用范围，对症下药，避免似是而非的错误应用。

（2）应用实例均来自实际景观规划项目与研究案例

本书中的应用实例是通过对大量来自实际中的规划项目与研究案例精挑细选而确定，其用意主要在于：

① 优选实际项目与案例，能避免在实际应用中针对性不足的障碍，更好贴近规划与研究的现实需要；② 更容易增加专业读者的学习兴趣，明确学习目标，提高学习效率；③ 由于数据来自实际项目与案例，详细介绍了GIS软件与其他景观规划制图软件的联合应用。

（3）注重空间分析思路的训练与培养

清晰"先做什么—然后做什么—……—最后做什么"的空间分析分析思路，对提高空间分析效率至关重要，能发挥事半功倍作用。本书各章结合实际的应用案例，在解决问题过程中，尤其注重空间分析思路的训练与培养，强调与突出明确空间分析的思路要优先于在GIS中具体的执行操作，帮助学习者空间分析思路的形成。

（4）通过具体技术的理论方法与操作步骤形成章节，涵盖景观规划中主要的GIS技术

针对典型的景观规划GIS技术，一个章节集中展示一种技术，包括该技术的理论方法和在GIS中具体的操作步骤。各章内容相互独立，每章针对一个景观规划中的典型问题，从理论方法基础与操作步骤两方面进行介绍。例如，第7章详细介绍了适宜性分析方法的产生背景和发展历程，并以景观规划中较为典型的多准则适宜性分析技术为对象，结合绿道规划的应用案例，详细介绍了其理论方法和在GIS软件中如何实施操作。

（5）有或无GIS基础的读者均可使用

由于本书各章节相互独立，对于具有一定GIS基础的读者，可根据实际需要，直接查找和参考所需技术。对于之前没有GIS基础的读者，准备系统学习GIS的景观规划读者，本书编写过程中也进行了详细考虑，主要体现在：① 结合应用案例，在编写过程中努力降低景观规划GIS技术的上手难度，减少初学读者对GIS系统的畏惧感，提高读者学习与使用GIS技术的兴趣和信心；② 对每种技术在GIS中的实施操作步骤，都进行了具体详细的介绍，确保其可重复性，保证初学读者在使用过程中的流畅性；③ 初学读者在学习完第1~3章，就拥有了ArcGIS的基本操作基础，之后就可根据实际规划需要，直接参考相应章节提供的技术介绍，解决现实工作中的具体问题。

杜　钦

2014年10月

本书使用的GIS软件

本书介绍的景观规划GIS技术主要基于ESRI公司发布的ArcGIS 9.30版本。ArcGIS是由多套软件构成的大型GIS平台，本书主要使用了其中的ArcMap、ArcCatalog和ArcScene软件。

本书介绍的ArcGIS功能和方法也能在ArcGIS 10.X中实现，但操作界面和GIS工具位置会有所不同。另外，本书所附应用案例数据均是基于ArcGIS 9.3版本，能向上兼容，可以被ArcGIS 10.X所兼容。

本书第8章景观格局分析技术，还利用了Fragastat软件。

需要特别指出的是，本书介绍的GIS技术的操作步骤是以ESRI公司的ArcGIS软件为操作平台，但GIS技术的操作应用并不仅仅局限于或限制于该平台。只要读者能真正理解该技术的理论与方法内涵，也完全能通过其他具有相应功能的GIS软件来实现。

本书的使用方法

• 没有ArcGIS操作基础的读者，请首先学习本书的第1~3章。

• 本书注重培养读者对各种技术理论与方法背景的理解。因此，在开始学习实际应用案例之前，每章都会先行介绍该技术的理论知识和方法背景，请读者先清晰理解其算法模型之后，再行学习其在ArcGIS中具体的操作步骤。

• 本书每章后都附有推荐阅读书目，作为该章技术理论与应用的延伸拓展。推荐的阅读书目分为两类：一类是为了便于读者更全面系统的了解相关技术的理论背景；另一类是该技术具体的应用案例文献。读者可以根据需要，进行选择性的阅读。

• 需要直接查阅景观规划GIS技术的读者，可以通过"附录1：GIS景观规划应用索引，附录2：景观规划GIS技术索引"快速定位到具体页面，获取相关GIS技术的使用方法。

• 本书所附光盘的使用方法：第3、4、6~10章案例均附有原数据，以方便读者进行操作学习。第5章与第11章数据可在完成第3、第4章操作后生成。光盘目录下Case_3，Case_4，Case_6~Case_10七个案例，原数据均存放于intial_data文件夹内。

目录 CONTENTS

第1章　景观规划GIS技术理论基础

GIS（Geographic Information System）直译为地理信息系统，是一种处理地理空间数据的信息系统。不同的学科专业、不同的应用领域，对其概念的理解定义也不尽相同，因而众多研究人员或研究机构从不同角度给出了不同的定义。本书中，采用美国环境系统研究所（Environmental Systems Research Institute，ERSI）对GIS的定义，即GIS是基于计算机的，用于对地球上发生的事件或存在的现象进行分析和制图的工具。

GIS对于景观规划领域是一项重要的技术，它可以在景观规划过程中发挥关键作用。GIS在景观规划领域的应用主要集中于两方面：

① 规划前期分析阶段。即依据规划目标，对规划区域或场地进行空间分析，为后期规划提供依据；

② 规划制图阶段。即分析或规划完成后，用于制作或生成专题图。由于AutoCAD、Photoshop、3ds Max、SketchUp等专业制图软件工具拥有强大制图与渲染功能，且在景观规划行业已有广泛的应用，因此GIS制图功能不是本书介绍的重点。本书将重点介绍一些在景观规划领域常用的GIS空间分析技术，为前期场地分析评价提供技术支撑。第1章和第2章将分别对景观规划GIS技术的理论和应用基础进行介绍。

1.1 GIS空间分析概念

1.1.1 空间分析的定义

空间分析（spatial analysis）是地理学的精髓，是为解答地理空间问题而进行的数据分析与挖掘。目前，比较具有代表性的空间分析定义有以下几种：

① 空间分析是对数据的空间信息、属性信息或二者共同信息的统计描述或说明；

② 空间分析是对于地理空间现象的定量研究，其常规能力是操纵空间数据成为不同的形式，并且提取其潜在信息；

③ 空间分析是基于地理对象空间布局的地理数据分析技术；

④ 空间查询和空间分析是指从GIS目标之间的空间关系中获取派生的信息和新的知识；

⑤ 空间分析是指为制定规划和决策，应用逻辑或数学模型分析空间数据或空间观测值。空间分析是基于地理对象的位置和形态特征的空间数据分析技术，其目的在于提取和传输空间信息，是从一个或多个空间数据图层获取信息的过程。

综上所述，空间分析是集空间数据分析和空间模拟于一体的技术，通过地理计算和空间表达挖掘潜在空间信息，以解决实际问题。空间分析的本质特征包括：

① 探测空间数据中的模式；

② 研究空间数据间的关系并建立相应的空间数据模型；

③提高对所有观察模式处理过程的理解;

④改善对发生地理空间时间的预测能力和控制能力。

1.1.2 空间分析的对象

空间分析主要通过对空间数据和空间模型的联合分析来挖掘空间目标的潜在信息。空间目标是空间分析的具体研究对象。空间目标具有空间位置、分布、形态、空间关系(距离、方位、拓扑、相关场)等基本特征。其中,空间关系是指地理实体之间存在的与空间特性有关的关系,是数据组织、查询、分析和推理的基础。不同类型的空间目标具有不同的形态结构描述,对形态结构的分析称为形态分析,例如,可以将地理空间目标划分为点、线、面和体四大类要素,面具有面积、周长、形状等形态结构,线具有长度、方向等形态结构。考虑到空间目标兼有几何数据和属性数据的描述,因此必须联合几何数据和属性数据进行分析。

空间数据分析实际上是对空间数据一系列的运算和查询。不同的应用具有不同的运算和不同的查询内容、方式、过程。应用模型是在对具体对象与过程进行大量专业研究的基础上总结出来的客观规律的抽象,将它们归结成一系列典型的运算与查询命令,可以解决某一类专业的空间分析任务。

空间分析与传统的统计分析有着很大的区别。一般的统计方法所获得的分析结果往往无法反映地理现象与空间的关系,其分析的结果是与空间无关的。尽管GIS空间分析有时需要采用常规的统计分析方法,但也不能将空间分析与统计分析等同起来。GIS空间分析不仅要分析实体的同性数据,更要分析它们的空间位置、分布特点和空间关系等与地理空间有关的信息,即空间分析的结果依赖于地理事件的空间分布特征,而且通过空间分析可以发现隐藏在空间数据之后的重要信息和一般规律,这是一般的统计方法所不能胜任的。

1.1.3 空间分析的目标

空间分析是指用于分析地理事件的一系列技术,分析结果依赖于事件的空间分布,面向最终用户,其主要目标如下:

①认知。有效获取空间数据,并对其进行科学的组织描述,利用数据再现事物本身,例如,绘制生态红线图;

②解释。理解和解释地理空间数据的背景过程,认识事件的本质规律,例如,景观规划中的城市生态安全格局;

③预测。在了解、掌握事件发生现状与规律的前提下,运用有关预测模型对未来的状况做出预测,例如,预测城市未来土地利用扩展;

④调控。对地理空间发生的事件进行调控,例如,合理规划江河流域的泛洪区域。

总之，空间分析的根本目标是建立有效的空间数据模型来表达地理实体的时空特性，发展面向应用的时空分析模拟方法，以数字化方式动态地、全局地描述地理实体和地理现象的空间分布关系，从而反映地理实体的内在规律和变化趋势。GIS空间分析实际是一种对GIS海量地球空间数据的增值操作。

从技术的角度划分，GIS的空间分析可以划分为基于栅格数据的空间分析和基于矢量数据的空间分析。

1.2　栅格数据的空间分析

栅格数据是GIS的重要数据模型之一。基于栅格数据的空间分析方法是空间分析的重要内容之一。栅格数据由于其自身数据结构的特点，在数据处理与分析中通常使用线性代数的二维数字矩阵分析法作为数据分析的数学基础。地图代数建立了栅格地理数据与分析的基础，它是一种新近出现的完整的地图分析和建模语言。栅格数据的空间分析方法具有自动分析处理较为简单、分析处理模式化很强的特点，可以概括为聚类聚合分析、多层面复合叠置分析、窗口分析及追踪分析等几类空间分析模型。

在介绍栅格数据的空间分析方法之前，先对栅格数据进行分析和介绍。对栅格数据的理解是进行栅格数据空间分析的基础。

1.2.1　栅格数据

（1）栅格数据集

一个栅格数据集，就像一幅地图，描述了某区域的位置和特征与其在空间上的相对位置。由于单个栅格数据集典型代表了单一专题，如土地利用、土壤、道路、河流或高程，因此必须创建多个栅格数据集来完整描述一个区域。

（2）单元

栅格数据集由单元（cell）组成。每个单元，或像元，是代表某个区域特定部分的方块。栅格中的所有单元都必须是同样大小的（图1-1）。栅格数据集中的单元大小可以是用户需要的任何值，但必须保证其足够小，以便能完成最细致的分析。一个单元可代表一平方公里、一平方米，或者一平方厘米。

（3）行（rows）与列（columns）

栅格单元按行列摆放，织成了一个笛卡儿矩阵。矩阵的行平行于笛卡儿平面的x轴，列平行于y轴。每个单元有唯一的行列地址（图1-2）。研究区的所有位置被此矩阵覆盖。

（4）值（value）

每个单元被分配一个指定的值，以描述单元归属的类别、种类或组，或栅格所描述现象的大小或数

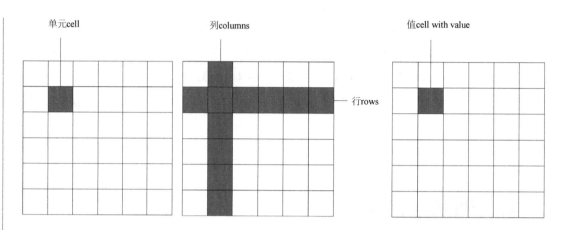

图1-1　栅格单元
（引自：《ESRI，ArcGIS
空间分析使用手册》）

图1-2　行与列
（引自：《ESRI，ArcGIS空间
分析使用手册》）

图1-3　栅格数据的值
（引自：《ESRI，ArcGIS
空间分析使用手册》）

量（图1-3）。值代表的要素包括如土壤类型、土壤质地、土地利用类型、道路类别和居住类型等。值也可以表示连续表面上单元的大小、距离或单元之间的关系。高程、坡度、坡向、飞机场噪声污染和沼泽的pH浓度都是连续表面的实例。如果用栅格表示图像或照片，值能代表颜色或光谱反射值。

（5）空值（no data）

如果某单元被赋予空值，则要么该单元所在位置没有特征信息，要么是信息不足。有时也被称为null值。在所有操作符和函数中，对空值的处理方式是有别于任何其他值。

被赋予空值的单元有两种处理方式：

① 如果在一个操作符或局域函数、邻域函数中的邻域或分区函数的分类区中的输入栅格的任何位置上存在空值，则为输出单元的该位置分配空值；

② 忽略空值单元并用所有的有效值完成计算。

（6）分类区（zones）

两个或多个只有相同值的单元属于同一分类区（图1-4）。分类区可以由连续、不连续或同时由以上两种单元组成。由连续单元组成的分类区通常表示某区域的单元要素，如一块绿地、一个建筑物、一个湖泊、一条道路。而实体的集合，如某市的森林林段、某县的土壤类型或城镇的居民住宅等数据，最有可能用许多离散的组（组由连续的单元构成）构成的分类区来表达。栅格数据的每个单元都归属于某个分类区。有些栅格数据集只包含很少的分类区，有些则包含很多。

（7）关联表

整型、类别数据类型栅格数据集通常伴有一个关联的属性表。表的第一项是网格值（value），存储栅格的每个分类区所分配的值。第二项为计数（count），存储数据集中属于每个分类区的单元总数，关联表如图1-5所示。

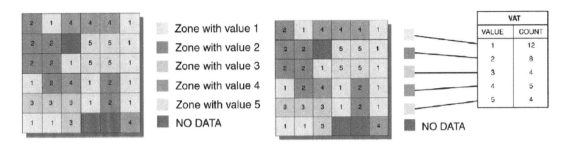

图1-4 分类区
（引自:《ESRI, ArcGIS空间分析使用手册》）

图1-5 关联表
（引自:《ESRI, ArcGIS空间分析使用手册》）

理论上说，在关联表中可插入无限数量的可选项以表示分类区的其他属性。

（8）坐标空间和栅格数据集

坐标空间定义了栅格数据集中位置间的空间关系。所有栅格数据集都位于某个坐标空间内。坐标空间可以是真实世界坐标系统或图像空间。由于几乎所有的栅格数据集都表示真实世界的某个场所，因此其在栅格数据集中应用最能代表真实世界的真实坐标系统。将一个栅格数据集的非真实世界坐标系统（图像空间）转变为真实世界坐标系统的过程称为地理配准。

对于栅格数据集，单元的方位由坐标系统的x轴和y轴决定。单元边界平行于x轴和y轴，所有单元在地图坐标上都是正方形。在地图坐标中单元以（x，y）位置的方式来访问，而不用行列位置。属于真实世界坐标空间的栅格数据集的x，y笛卡儿坐标系统依照地图投影来定义。地图投影坐标使三维地表能够用二维地图来显示和存储。

校正栅格数据集到地图坐标或转变栅格数据集从一个投影到另一个投影的过程被称为几何变换。

（9）在栅格数据集上表示要素

在将点、线或多边形转化为栅格的时候，应该知道栅格数据是如何表示要素的。

① 点要素。

点要素是在指定精度下能够标识的没有面积的对象。虽然在某些精度下，一口井、一根电线杆、或一株植物的位置都可被认为是点要素，但在其他精度下它们确实是有面积的。例如，一根电线杆从两公里高的飞机上看仅仅是一个点，但从25m高的大楼上看将是一个圆。点要素用栅格的最小基元（即单元）来表示（图1-6）。

单元是有面积大小的，单元越小，则面积越小，其越接近所代表的点要素。带面积的点的精度为加减半个单元大小。

② 线数据。

线数据是在某种精度下所有那些仅以多段线形式出现的要素，如道路、河流等。线是没有面积的。在栅格数据中，线可用一串连接的单元表示（图1-7）。

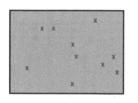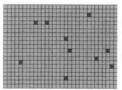

图1-6　点特征的栅格数据表示
　　　（引自：《ESRI，ArcGIS空间分析使用手册》）

图1-7　线特征的栅格数据表示
　　　（引自：《ESRI，ArcGIS空间分析使用手册》）

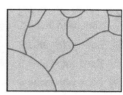

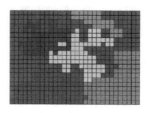

图1-8　多边形特征的栅格数据表示
　　　（引自：《ESRI，ArcGIS空间分析使用手册》）

类似于点数据，其表示精度将随着数据的尺度和栅格数据集的精度的改变而改变。

③ 多边形数据。

表示多边形或面数据的最好方式是能够最佳描绘多边形形状的一系列连接单元（图1-8）所示。多边形要素包括建筑物、池塘、土壤、森林、沼泽和农田。图1-8用一系列的方块单元表示多边形的平滑边界确实会有一些问题，其中的一个问题就是"锯齿"，将产生类似楼梯一样的效果。表示精度依赖于数据的尺度和单元的大小：单元精度越高，表示小区域的单元的数量越多，表示就越精确。

1.2.2　栅格数据的聚类、聚合分析

栅格数据的聚类、聚合分析均是指将一个单一层面的栅格数据系统经某种变换而得到一个具有新含义的栅格数据系统的数据处理过程。也有人将这种分析方法称为栅格数据的单层面派生处理法。

（1）聚类分析

栅格数据的聚类是根据设定的聚类条件对原有数据系统进行有选择的信息提取而建立新的栅格数据系统的方法。

图1-9（a）为一个栅格数据系统样图，1、2、3、4为其中的四种类型要素，图1-9（b）为提取其中要素"2"的聚类结果。

（2）聚合分析

栅格数据的聚合分析是指根据空间分辨力和分类表，进行数据类型的合并或转换以实现空间地域的兼并。

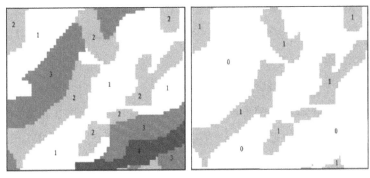

（a）1、2、3、4四种数据类型　　　（b）提取要素"2"聚类结果

图1-9　聚类分析示意

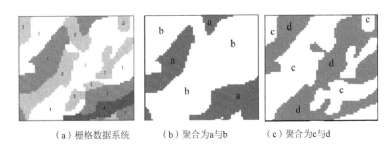

（a）栅格数据系统　　　（b）聚合为a与b　　　（c）聚合为c与d

图1-10　栅格数据的集合

空间聚合的结果往往将较复杂的类别转换为较简单的类别，并且常以较小比例尺的图形输出。当从地点、地区到大区域的制图综合变换时常需要使用这种分析处理方法。对于图1-10（a），如给定聚合的标准为1、2类合并为b，3、4类合并为a，则聚合后形成的栅格数据系统如图1-10（b）所示，如给定聚合的标准为2、3类合并为c，1、4类合并为d，则聚合后形成的栅格数据系统如图1-10（c）所示。

栅格数据的聚类聚合分析处理法在数字地形模型及遥感图像处理中的应用是十分普遍的。例如，由数字高程模型转换为数字高程分级模型便是空间数据的聚合，而从遥感数字图像信息中提取其一地物的方法则是栅格数据的聚类。

1.2.3　栅格数据的叠置分析

叠置分析是将有关主题层组成的各个数据层面进行叠置产生一个新的数据层面，其结果综合了原来两个或多个层面要素所具有的属性，同时叠置分析不仅生成了新的空间关系，而且还将输入的多个数据层的属性联系起来产生新的属性关系。其中，被叠加的要素层面必须是基于坐标系统相同的、基准面相同的、同一区域的数据。

栅格数据一个最为突出的优点是能够极为便利地进行同地区多层面空间信息的自动复合叠置分析。正因为如此，栅格数据常被用来进行适宜性分析、资源开发利用、规划等多因素分析研究工作。在数字遥感图像处理工作中，利用该方法可以实现不同波段遥感信息的自动合成处理；还可以利用不同时间的数据信息来进行某类现象动态变化的分析和预测。因此，该方法在计算机地学制图与分析中具有重要的意义。栅格数据的叠置分析包括两类，即简单的视觉信息复合和较为复杂的叠加分类模型。

（1）视觉信息复合

视觉信息复合是将不同专题的内容叠加显示在结果图件上，以便系统使用者判断不同专题地理实体的相互空间关系，获得更为丰富的信息。地理信息系统中视觉信息复合包括以下几类：

① 面状图、线状图和点状图之间的复合；

② 面状图区域边界之间或一个面状图与其他专题区域边界之间的复合；

③ 遥感影像与专题地图的复合；

④ 专题地图与数字高程模型复合显示立体专题图；

⑤ 遥感影像与DEM复合生成真三维地物景观。

（2）叠加分类模型

简单视觉信息复合之后，参加复合的平面之间没发生任何逻辑关系，仍保留原来的数据结构；叠加分类模型则根据参加复合的数据平面各类别的空间关系重新划分空间区域，使每个空间区域内各空间点的属性组合一致。叠加结果生成新的数据平面，该平面图形数据记录了重新划分的区域，而属性数据库结构中则包含原来的几个参加复合的数据平面的属性数据库中所有的数据项。叠加分类模型用于多要素综合分类以划分最小地理景观单元，进一步可进行综合评价以确定各景观单元的等级序列。

按以下复合运算方法的不同进行分类介绍。

① 逻辑判断复合法。

设有A、B、C三个层面的栅格数据系统，一般可以用布尔逻辑运算以及运算结果的文氏图（图1-11）表示其一般的运算思路和关系。

② 数学运算复合法。

数学运算复合法是指不同层面的栅格数据网格按一定的数学法则进行运算，从而得到新的栅格数据系统的方法。其主要类型有以下两种：

• 算术运算。指两层以上的对应网格值经加、减运算，而得到新的栅格数据系统的方法。这种复合分析法具有很大的应用范围。图1-12给出了该方法在栅格数据编辑中的应用例证。

• 函数运算。指两个以上层面的栅格数据系统以某种函数关系作为复合分析的依据进行逐网格运算，从而得到新的栅格数据系统的过程。这种复合叠置分析方法被广泛地应用到地学综合分析、土地评价、遥感数字图像处理等领域中。

例如，利用土壤侵蚀通用方程式计算土壤侵蚀量时，就可利用多层面栅格数据的函数运算复合分析法进行自动处理。一个地区土壤侵蚀量的大小是降雨（R）、植被覆盖度（C）、坡度（S）、坡长

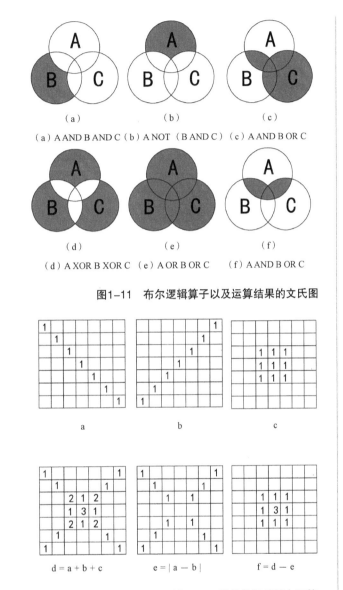

A
B
C
(a)
(b)
(c)
(a) A AND B AND C (b) A NOT（B AND C）(c) A AND B OR C
(d)
(e)
(f)
(d) A XOR B XOR C (e) A OR B OR C (f) A AND B OR C

图1-11　布尔逻辑算子以及运算结果的文氏图

a
b
c
d = a + b + c
e = | a − b |
f = d − e

图1-12　栅格数据的基本运算

（*L*）、土壤抗蚀性（*SR*）等因素的函数。可写成

$$E=f(R,\ C,\ S,\ L,\ SR,\ \cdots)$$

类似这种分析方法在地学综合分析中具有十分广泛的应用前景。只要得到对于某项事物关系及发展变化的函数关系式，便可运用以上方法完成各种人工难以完成的极其复杂的分析运算。这也是目前信息自动复合叠置分析法受到广泛应用的原因。

值得注意的是，信息的复合法只是处理地学信息的一种手段，而其中事物关系模式的建立对分析工作的完成及分析质量的优劣具有决定性作用。这常常需要经过大量的试验研究，而计算机自动复合分析

3	2	5	8	12	17	18	17
4	9	9	12	18	23	23	20
4	13	16	20	25	28	26	20
3	12	21	23	33	32	29	20
7	14	25	32	39	31	25	14
12	21	27	30	32	24	17	11
15	22	34	25	21	15	12	8
16	19	20	25	10	7	4	6

图1-13　追踪分析提取水流路径

法的出现也为获得这种关系模式创造了有利的条件。

1.2.4　栅格数据的追踪分析

栅格数据的追踪分析是指对于特定的栅格数据系统由某一个或多个起点，按照一定的追踪线索进行追踪目标或者追踪轨迹信息提取的空间分析方法。例如，图1-13的栅格数据，记录的是地面点的海拔高程值，根据地面水流必然向最大坡度方向流动的原理分析追踪线路，可以得出地面水流的基本轨迹。

1.2.5　栅格数据的窗口分析

地学信息除了在不同层面的因素之间存在着一定的制约关系之外，还在空间上存在着一定的关联性。对于栅格数据所描述的某项地学要素，其中，（I，J）栅格往往会影响其周围栅格的属性特征。准确而有效地反映这种事物空间上联系的特点，也必然是计算机地学分析的重要任务。窗口分析是指对于栅格数据系统中的一个、多个栅格点或全部数据，开辟一个有固定分析半径的分析窗口，并在该窗口内进行诸如极值、均值等一系列统计计算，或与其他层面的信息进行必要的复合分析，从而实现栅格数据有效的水平方向扩展分析。

按照分析窗口的形状，可以将分析窗口划分为以下四种类型：

① 矩形窗口：是以目标栅格为中心，分别向周围8个方向扩展一层或多层栅格而形成的矩形分析区域，如图1-14（a）；

② 圆形窗口：以目标栅格为中心，向周围作一个等距离搜索区，构成一个圆形分析窗口，如图1-14（b）；

③ 环形窗口：以目标栅格为中心，按指定的内外半径构成环形分析窗口，如图1-14（c）；

④ 扇形窗口：以目标栅格为起点，按指定的起始与终止角度构成扇形分析窗口，如图1-14（d）。

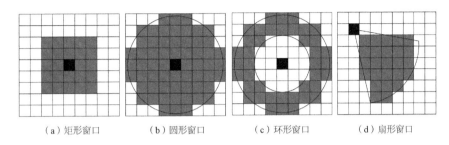

（a）矩形窗口　　　（b）圆形窗口　　　（c）环形窗口　　　（d）扇形窗口

图1-14　分析窗口的类型

1.2.6　栅格数据的量算分析

空间信息的自动化量算是地理信息系统的重要功能，也是进行空间分析的定量化基础。栅格数据模型由于自身特点很容易进行距离、面积和体积等数据的量算。例如，基于遥感图像数据（栅格）可以计算某种地物类型，如计算耕地的面积，只需要统计出该地物类型所占栅格数，然后乘以栅格单元的面积即可。例如，分辨率为2.5m的遥感图像的栅格单元面积就是6.25（2.5×2.5）m^2。对于栅格格式的DEM数据，可以方便地进行体积计算，这种计算在工程挖填土方计算、规划水域容积估算等方面经常使用。

1.3　矢量数据的空间分析

矢量数据模型把GIS数据组织成点、线、面几何对象的形式，是基于对象实体模型的计算机实现，对有确定位置与形状的离散要素是理想的表示方法。矢量数据以坐标形式表示离散对象，在此基础上的空间分析一般不存在模式化的分析处理方法，而表现为处理方法的多样性和复杂性。本节将结合之后的应用案例，选择几种最为常见的几何分析法，说明矢量数据空间分析的基本原理与方法。

1.3.1　矢量数据

（1）矢量数据模型

矢量数据模型用坐标点构建空间要素，把空间看做是由不连续的几何对象组成的。构建矢量数据模型一般包括：首先，用简单的几何对象（点、线、面）表示空间要素；其次，在GIS的一些应用中，明确地表达空间要素之间的相互关系；第三，数据文件的逻辑结构必须恰当，使计算机能够处理空间要素及其相互关系；第四，陆地表面数据、重叠的空间要素和路网适于用简单几何对象的组合来表示。

（2）几何对象

根据维数和性质，空间要素可以表示为点、线或面。点对象表示零维的且只有位置性质的空间要素。线对象表示一维的，且有长度特性的空间要素。面对象表示二维的且有面积和边界性质的空间要素。在GIS中点对象也称为节点或折点，线对象称为轮廓（edge）、链路（link）或链（chain），面对象称为多边形（polygon）、区域（face）或地带（zone）。

矢量数据模型的基本单元是点及点的坐标。线要素由点构成，包括两个端点和端点之间标记线形态的一组点，可以是平滑曲线或折线。

面要素通过线要素定义，面的边界把面要素区域分成内部区域和外部区域。面要素可以是单独的或相连的，图1-15（a）表示两个相互邻接的面。单独的区域只有一个特征点，既是边界的起始点又是边界的终点，如图1-15（b）。面要素可以相互重叠产生重叠区域，如图1-15（c）城市公园服务区域可能重叠。面要素可以在其他面要素内形成岛，如图1-15（d）表示一个面中的岛。

（3）拓扑关系

拓扑是指通过图论这一数学分支，用图表或图形研究几何对象排列及其相互关系。拓扑关系用来表达空间要素之间的空间关系。拓扑研究几何对象在弯曲或拉伸等变换下仍保持不变的性质。如区域内的岛无论怎样弯曲和拉伸仍然在区域内。矢量数据模型常用有向图建立点、线对象之间的邻接和关联关系，有向图包括点和有向线（弧段）。

（4）简单对象的组合

对于一些空间要素，如陆地表面数据、重叠的空间要素、路网等适合用简单几何对象的组合来表示。

陆地表面数据可用TIN（不规则三角网）这种矢量数据结构来表示。TIN模型把地表近似描述成一组互不重叠的三角面的集合，每个三角面有一个恒定的倾斜度。

重叠空间要素可用区域数据模型表示（图1-16）。区域数据模型包含两个重要特征：区域层和区域。区域层表示属性相同的区域，区域层可以重叠或涵盖相同的范围，如不同历史年代的区域范围可能

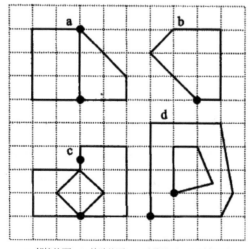

a. 邻接的面；b. 单独的面；c. 重叠的面；d. 面中的岛

图1-15 面对象

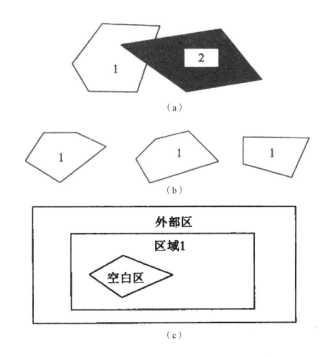

图1-16 区域数据模型

重叠。当不同区域层覆盖相同区域时，区域之间形成一种等级区域结构，一个区域层嵌套在另一个区域层中。区域可以有分离或者隔开的部分。图1-16中（a）为重叠区域；（b）是由三个组成部分的区域；（c）表示一个区域内的小区造成的空白区和外部区。

区域数据结构包括两个基本元素：一是区域与弧段关系的文件；另一个是区域与多边形关系的文件（图1-17）。图中包括有4个多边形、5个弧段和3个区域。区域—多边形列表连接区域和多边形，区域101由多边形11和多边形12组成，区域102包含两个组成部分，一个是多边形12和多边形13，另一个由多边形14构成。多边形12是两个区域101和102的重叠区域。区域—弧段列表把区域和弧段链接起来，区域101只有一个圈，由弧段1和弧段2连接而成。而区域102有两个圈：一个由弧段3和弧段4连接而成，另一个由弧段5构成。

1.3.2 包含分析

确定要素之间是否存在着直接的联系，即矢量点、线、面之间是否存在空间位置上的联系，这是地理信息分析处理中常要提出的问题，也是在地理信息系统中实现图形—属性对位检索的前提条件与基础的分析方法。例如，若在计算机屏幕上利用鼠标点击对应的点状、线状或面状图形，查询其对应的属性信息；或需要确定点状居民地与线状河流或面状地类之间的空间关系（如是否相邻或包含），都需要利用矢量数据的包含分析与数据处理方法。再如，要确定某块绿地属于哪个行政区；要测定某条断裂线经

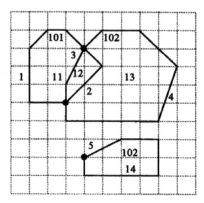

区域-多边形清单

区域号	多边形号
101	11
101	12
102	12
102	13
102	14

区域/弧段清单

区域号	圈号	弧段号
101	1	1
101	1	2
102	1	3
102	1	4
102	2	5

图1-17　区域数据结构的文件结构

过哪些城市建筑，都需要通过GIS信息分析方法中对已有矢量数据的包含分析来实现。

在包含分析的具体算法中，点与点、点与线的包含分析一般均可以分别通过先计算点到点，点到线之间的距离，然后，利用最小距离阈值判断包含的结果。点与面之间的包含分析，或称为point-polygon分析，具有较为典型的意义。可以通过铅垂线算法来解决，由P_t点作一条铅垂线，现在要测试P_t是在该多边形之内或之外。其基本算法的思路是，如果该铅垂线与某一图斑有奇数交点，则该P_t点必位于该图斑内（某些特殊条件除外）。

利用这种包含分析方法，还可以解决地图的自动分色，地图内容从面向点的制图综合，面状数据从矢量向栅格格式的转换，以及区域内容的自动计数（如某个设定的森林砍伐区内，某一树种的棵数）等。例如，确定某区域内矿井的个数，这是点与面之间的包含分析，确定某一县境内公路的类型以及不同级别道路的里程，是线与面之间的包含分析。分析的方法是：首先对这些矿井、公路要点、线要素数字化，经处理后形成具有拓扑关系的相应图层；其次将已经存放在系统中的多边形进行点与面、线与面的叠加；最后对这个多边形或区域进行这些点或线段的自动计数或归属判断。

1.3.3　矢量数据的缓冲区分析

缓冲区分析是研究根据数据库的点、线、面实体，自动建立其周围一定宽度范围内的缓冲区多边形实体，从而实现空间数据在水平方向得以扩展的信息分析方法。它是地理信息系统重要的和基本的空间操作功能之一。例如，城市的噪声污染源所影响的一定空间范围、交通线两侧所划定的绿化带，即可分别描述为点的缓冲区与线的缓冲带。而多边形面域的缓冲带有正缓冲区与负缓冲区之分。

1.3.4 叠置分析

（1）多边形叠置分析

多边形叠置分析也称为polygon-polygon叠置，它是指对同一地区、同一比例尺的两组或两组以上的多边形要素的数据文件进行叠置。参加叠置分析的两个图层应都是矢量数据结构。若需进行多层叠置，也是两两叠置后再与第三层叠置，依此类推。其中被叠置的多边形为本底多边形，用来叠置的多边形为上覆多边形，叠置后产生只有多重属性的新多边形。

其基本的处理方法是，根据两组多边形边界的交点来建立具有多重属性的多边形或进行多边形范围内的属性特性的统计分析。其中，前者称为地图内容的合成叠置，如图1-18（a）；后者称为地图内容的统计叠置，如图1-18（b）。

合成叠置的目的，是通过区域多重属性的模拟，寻找和确定同时具有几种地理属性的分布区域。或者按照确定的地理指标，对叠置后产生的具有不同属性的多边形进行重新分类或分级，因此叠置的结果为新的多边形数据文件。统计叠置的目的，是准确地计算一种要素（如土地利用）在另一种要素（如行政区域）的某个区域多边形范围内的分布状况和数量特征（包括拥有的类型数、各类型的面积及所占总面积的百分比等），或提取某个区域范围内某种专题内容的数据。

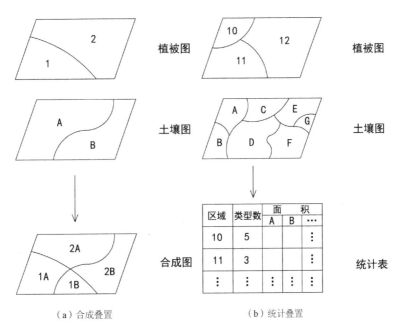

图1-18 合成叠置和统计叠置

（2）矢量数据与栅格数据间的叠置分析

在熟悉栅格数据和多边形数据的叠置分析原理以后，在实际操作中，常常会遇到一些情况，需要使用栅格数据与矢量数据同时参与叠置分析。例如，当获得了一个省的DEM数据以及该省内县级行政区划数据之后，想快速地通过叠置分析的方法获得各县辖区内平均高程值。具体的操作是通过使用区域统计分析（zonal statistics）的方法，以矢量数据提供的辖区边界信息为准，统计各辖区内栅格高程值的平均值。

矢量—栅格数据间的叠置分析方法可以快速地获取区域内部散点的综合空间信息，产生报表以及统计表单。在实际应用中合理的使用可以很好地提高工作效率。

推荐阅读书目

1. Mitchell, Andy. GIS空间分析指南. 张旸, 译. 北京: 测绘出版社, 2011.

2. 秦昆. GIS空间分析理论与方法[M]. 第2版. 武汉: 武汉大学出版社, 2010.

第2章　ArcGIS应用基础

ArcGIS是美国环境系统研究所（ESRI）开发的GIS软件，是目前世界上应用最广泛的商业GIS软件之一。2008年6月，ESRI推出了ArcGIS 9.3版本，它是一个统一的地理信息系统平台，由数据服务器ArcSDE及4个基础框架组成：Desktop GIS（桌面软件GIS）、Server GIS（服务器GIS）、Embedded GIS（嵌入式GIS）和Mobile GIS（移动GIS）。本书中介绍的景观规划GIS技术是基于Desktop GIS桌面软件GIS实现。

成功安装好ArcGIS Desktop之后，其下相应的ArcMap、ArcCatalog、ArcGlobe、ArcReader、ArcScene模块也安装成功，可以使用。其中ArcMap、ArcCatalog、ArcScene、ArcToolbox是景观规划中最为常用的模块，在开始进入本书各章专题规划技术的介绍之前，应首先掌握这几项常用模块的基本操作。结合本书所涉及的景观规划技术，本章将做针对性的介绍。若要更全面的掌握其各种应用基础，可参考其他通识性的ArcGIS应用指导书。

2.1 ArcMap应用基础

ArcMap是ArcGIS Desktop（ArcGIS桌面系统）的核心应用程序，具有显示、查询、编辑、分析地图、空间数据处理、地图制图出图等功能。景观规划过程中的空间分析技术主要通过这项模块实现。

2.1.1 ArcMap界面组成

（1）菜单栏

菜单栏位于界面最上方，主要包括File（文件）、Edit（编辑）、View（视图）、Insert（插入）、Select（选择）、Tools（地图工具）、Window（窗口操作）和Help（帮助）等子菜单栏（图2-1）。

（2）工具栏

工具条紧位于菜单栏下方，是可以随处移动、随时隐藏及调用的栏目。初次使用ArcMap，系统只默认调用Main Menu（主菜单）、Tools（视图工具）等工具条。以后使用过程中，若需调用其他更多的工具条，最快捷的调用方式是鼠标移动至工具条空白处，右键，出现工具条调用菜单，勾选所需使用工具，即可调出。反之，不勾选则隐藏该工具条（图2-2）。

（3）数据窗口

数据窗口位于界面左侧，用于显示地图所包含的数据组（Layers）、数据层（Features）及其显示状态。一个数据组可包含多个数据层。如图2-1，当前地图文档中包含一个世界地图的数据组（Layers），该数据组内包含有4项数据层continent、Continents、wsiearth.tif、World Image。数据层前面的小方框可控制该数据层在地图中显示与否，勾选则显示，不勾选则不显示。如图中仅显示了continent和Continents两项数据层。

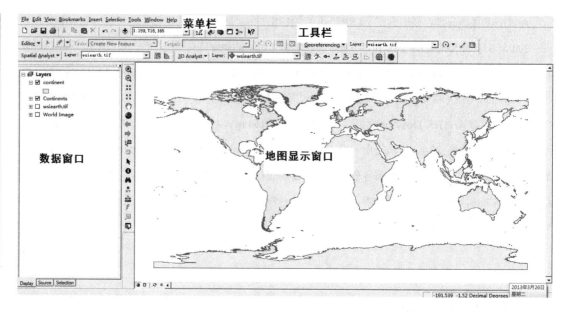

图2-1　ArcMap的界面组成

图2-2　ArcMap中的工具条

　　数据窗口底部有三种显示方式可供选择：Display（普通显示）、Source（数据来源显示）、Selection（选择显示）。Display（普通显示）显示相应数据的类型与表示方法；Source（数据来源显示）除了显示类型和表示方法外，还显示数据存放目录路径和组织方式；Selection（选择显示）仅出现可显示的数据层。

图2-3　数据视图工具条 　　　　图2-4　布局视图工具条 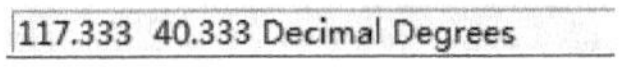　　　　图2-5　ArcMap信息状态栏

菜单栏Window下Table of Contents可控制数据窗口的显示或隐藏。

（4）地图显示窗口

地图显示窗口位于界面右侧，在界面中占有较大面积，用于显示地图数据层中包括的地理要素（图2-1）。ArcMap中包括两种地图显示的方式：Data View（数据视图）、Layout View（布局视图）。前者主要用于对数据进行查询、编辑、分析处理等操作，后者则主要用于地图输出时的版面布局，图名、图例、比例尺、指北针等地图辅助要素的加载。两种视图可直接点击地图显示窗口底部左侧的按钮  Data View和Layout View进行相互切换。或者通过菜单栏View（视图）下的Data View和Layout View进行切换。

两种视图也分别对应了各自的视图工具条。Data View（数据视图）对应的工具条（图2-3）。Layout View（布局视图）的视图工具条（图2-4）。

地图显示窗口的底部右侧为信息状态栏，显示地图坐标值与单位信息（图2-5）。随鼠标移动，该坐标值会产生变动，它表示鼠标当前所在点位置的坐标值信息。

2.1.2　创建新地图文档

ArcMap中创建新的地图文档的方式有两种：第一种是直接调用软件已定义好的template（模板）创建；第二种是根据规划目标或研究对象的需要，自己加载相关数据。在实际工作中，往往第二种会更为常用。

（1）通过template（模板）创建新文档

刚启动ArcMap时，会弹出图2-6所示对话框，A new empty map（创建空白文档）A template（创建模板文档）A existing map（创建之前已编辑保存过的文档），选择A template，会出现图2-7所示对话框，可通过选择软件自带或自己已生成的模板，点OK直接调用，完成文档的创建。

若已进入了ArcMap工作环境，菜单栏File中New（新建）命令，也可调出已设置好的模板文档（图2-7），直接选择后加入。

（2）加载数据层创建新文档

在实际规划工作中，经常需要添加相关数据层至文档中，形成新的地图文档。加载数据层的方法主要有两种：一是直接在ArcMap中的地图文档上加载数据层，二是通过ArcCatalog加载数据层。

ArcGIS安装完成后，以其软件所自带世界地图数据为例（图2-1），介绍两种数据层的加载方法。世界地图数据存放的路径为：C:\Programe files\ArcGIS\ArcGlobeData文件夹内。

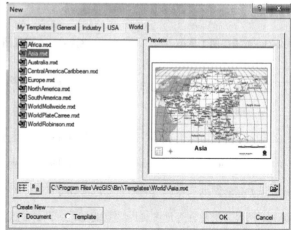

图2-6　打开地图对话框　　　　　图2-7　已定义的地图模板

① ArcMap中直接加载数据层。

a. 创建空白文档（A new empty map），菜单栏File下Add Data（添加数据）命令，或者工具条中的

![icon]　Add Data（添加数据）快捷工具，打开添加数据对话框；

b. 在look in列表中确定加载数据层的存放位置，世界地图的存放目录为C:\Programe files\ArcGIS\ArcGlobeData文件夹内，鼠标框选四个数据层；

c. 点击Add（添加）按钮，选中的四项数据层被加载到地图中（图2-1）。

② 通过ArcCatalog加载数据层。

使用ArcCatalog加载数据层，只需将加载对象直接拖放到ArcMap的地图显示窗口即可，具体操作过程如下：

a. 启动ArcCatalog；

b. ArcCatalog左侧目录树中找到C:\Programe files\ArcGIS\ArcGlobeData文件夹；

c. 点击需要加载的数据层，拖放到ArcMap窗口中，即成功加载该数据层。

初学者将ArcGlobeData文件夹内四项数据加载成功后，可返回第2.1节，结合世界地图数据，进一步理解ArcMap的界面组成。

2.1.3　数据的基础操作

（1）增加/删除layers（数据组）

主要通过两种方式增加新数据组。仍以之前的世界地图数据为例（图2-1）。图中只有一个数据组（layers）。通过下面两种方式可以增加新数据组。

a. 数据窗口中，选中layers；

b. 右键或菜单栏File下，Copy（复制）命令；

c. 菜单栏File下Paste（粘贴命令），可新建包含同样世界地图数据层的新layers（数据组）。

或者

a. 菜单栏Insert下Data Frame命令；

b. 生产新的数据组，但注意该数据组内为空，不包含任何数据层，需要自行加载。

若有两组以上数据组（layers），要删除其中某一数据组，直接选中该数据组，右键Remove（删除）即可。

（2）layers（数据组）更名

改变数据组名称，直接在需要更名的数据组上单击鼠标左键，选定该数据组，再次单击左键，数据组名称可进入编辑状态，输入新名称即可。如图2-8分别更名为世界地图1、世界地图2。

（3）features（数据层）的删除

ArcMap中加载相应的数据层后，如不再需要，可以进行删除。数据窗口中，选中要删除数据层，右键，Remove（删除），删除成功。值得指出的是，在ArcMap中进行的Remove删除命令，只是将该数据层从ArcMap中移除，不会将移除的数据层从本地电脑磁盘上删除。若后期还要继续使用，仍可重新加载。

（4）改变features（数据层）的顺序

当ArcMap中加入多种数据层后，层与层之间在地图显示时会出现相互遮挡掩盖。如点数据层或线数据层可能会被面数据层遮挡，直接影响地图的输出效果。因此，数据层排列顺序有以下几条参考准则：

① 按点、线、面数据类型依次由上至下排列；

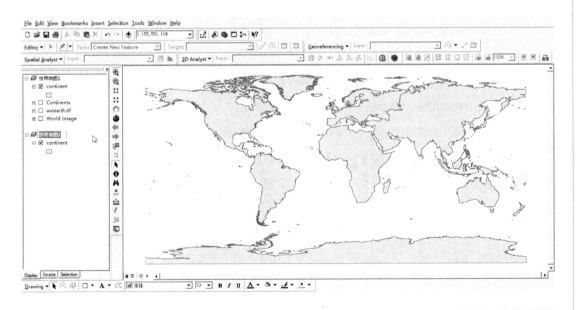

图2-8　数据组更名

② 按数据重要程度的高度依次从上至下排列；

③ 线数据按照线的粗细依次由下至上排列；

④ 按照数据色彩的浓淡程度依次由下至上排列。

改变图层顺序，只需在数据窗口中，将鼠标指针放在需要调整的数据层上，按住左键拖动到新位置，再释放左键即可完成。

（5）查看属性表

属性表中以表格文本信息记录了与相应地理图形中的属性信息。查看属性表方法是：数据窗口中，选中需要查看属性表的数据层，如图2-1中的C:\Programe files\ArcGIS\ArcGlobeData\Continents的洲数据，右键弹出快捷菜单中选中Open Attribute Table，可打开查看其属性表。

（6）快速启动ArcCatalog

在已启动ArcMap界面窗口后，可通过工具栏上的 🐾ArcCatalog按钮，快速打开ArcCatalog。

2.1.4 数据层的保存

ArcMap中地图场景文档记录和保存的并不是数据在磁盘上层所对应的源文件，而是各数据层在磁盘上所对应的源数据路径信息。如果磁盘中地图中数据层所对应的文件路径被改变（如拷贝到移动存储设备，更换计算机进行操作），再次打开地图场景文件时，系统会提示用户重新制定该数据的新路径，或者忽略读取该数据层，同时将无法显示该地图场景文件的信息。

※说明：这与景观规划其他常用软件并不一样，如与PhotoShop。PhotoShop的保存方式为保存图层的源文件，这样不会因为路径的改变而无法显示。其结果也会使PhotoShop文件所占空间比较大。

为了避免这种情况发生，ArcMap提供了两种保存数据层路径的方式：一种是保存绝对（完整）路径，另一种是保存相对路径。绝对路径与相对路径的区别在于：

绝对路径：也称为完整路径，以文件所在根目录为参考基础的目录路径。如D:\Data\Shapefiles\Soils

相对路径：以文件相对于当前目录位置为参考基础的目录路径。如.\..\Soils

使用相对路径保存方式，更方便于文件在不同计算机间以及不同磁盘间的转移。

可在ArcMap菜单栏File下Document Properties（文档属性）中的Data Source Options（数据源选项）中进行设置。其中Store relative path names to data sources表示以相对路径保存方式保存数据源。

2.2 ArcCatalog应用基础

ArcCatalog是专门针对ArcGIS开发的空间数据管理器。它以数据为核心，用于定位、浏览、组织、搜索和管理空间数据。其功能十分类似于Windows系统的资源管理器。

2.2.1 ArcCatalog界面组成

（1）菜单栏

菜单栏位于界面顶部。主要由File（文件）、Edit（编辑）、View（视图）、Go（移动）、Tools（工具）、Window（窗口）、Help（帮助）等菜单组成（图2-9）。

（2）工具条

工具条紧位于菜单栏之下。可随时隐藏或调用，随处移动的工具栏目。调用或隐藏时可将鼠标移动至工具条空白处，右键即可勾选或不勾选相应的工具条。

（3）Catalog目录树窗口

ArcCatalog界面中主要部分是左侧目录树和右侧的内容浏览窗口。目录树下的内容项主要包括以下内容：文件夹、地图、数据层与图表、Shapefile、dBASE表格和文本文件、Coverage与INFO表格、Geodatabase、栅格数据、TIN数据、CAD图形、VPF数据、SDC数据、XML文档、地址定位器、ArcIMS服务器、ArcGIS服务器、搜索结果文件夹、坐标系统和工具箱。

图2-9 ArcCatalog界面组成

通过目录树，可以轻松地将数据拖动到ArcMap、ArcScene或其他地理处理工具中。菜单栏Window内Catalog Tree可控制隐藏或显示目录树。

（4）内容浏览窗口

内容浏览窗口是针对性地查看目录树中相应内容。它包含有三个选项卡：Contents（内容列表）、Preview（预览）、Metadata（元数据）。每一选项卡提供一种查看Catalog目录树中项目内容的方式。

选中目录树中某一内容项，如C:\Programe files\ArcGIS\ArcGlobeData。Contents（内容列表）会列出内容项所包含的内容。特别注意Contents内容列表下，可尝试比较工具栏中Large Icon（大图标）、List（列表视图）、Details（详细信息视图）、thumbnail（微缩视图）四种显示方式的差异，这与Windows系统的资源管理器非常相似。

使用Preview（预览）选项卡，可以在生成地图前浏览内容项的数据。Preview选项卡提供了所选内容项的两种预览方式：Geography（地图视图方式）、Table（表格视图方式）。如果预览的内容项既包括地理数据，又包含相应的属性数据，可以从Preview（预览）选项卡下部的Preview旁下拉菜单中进行选择，在两种方式间进行切换查看。通常情况下，Geography（地理视图方式）是默认的预览方式。

Metadata（元数据）选项卡用于显示目录树中所选内容的元数据。元数据包括内容项的属性和描述文档。属性直接来自数据元本身，如Shapefile中要素的范围。描述性文档则是由用户提供的描述性信息。

Metadata（元数据）选项卡的Metadata工具条中提供了8种显示元数据的Stylesheet文体页面（图2-10），分别是：FGDC、FGDC Classic、FGDC ESRI、FGDC FAQ、FGDC Geography Network、ISO、ISO Geoggraphy Network、XML。其中FGDC ESRI Stylesheet是默认显示方式，它以标签的形式显示元数据，这种格式显示了由FGDC标准定义的要素的子集及所有由ESRI剖面图定义的要素，包括Description（描述栏）、Spatial（空间栏）、Attributes（属性栏）三部分。如预览C:\Programe files\ArcGIS\ArcGlobeData\continent.shp，Description（描述栏）显示continent.shp的日期、位置、微缩图及其附件信息；Spatial（空间栏）则显示continent.shp的坐标系统、详细要素、栅格、拓扑和几何网络等属性；Attributes（属性栏）则描述continent.shp的属性列、Geodatabase要素类的图表子类。

另外，FGDC FAQ格式以问答的形式列出了FGDC元数据要素的子集，对元数据还不是很熟悉的用户适合选择这种格式，但这种格式不显示任何ESRI定义的内容。如本书的第2章中将会通过这种方式查询Landuse（土地利用类型）数字代码所代表的含义。

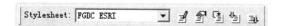

图2-10　Metadata工具条

2.2.2　基础操作

（1）文件夹链接和断开链接

若是首次使用ArcCatalog，catalog左侧文件目录树中包含了本计算机磁盘上的目录。但是若要使用的数据不在本机磁盘（如存放于移动存储设备中或光盘中），或预访问的地理数据存储在一个子目录中，此时需进行链接设置，添加指向目标的链接。

方法是：① 点击File菜单栏下或工具条上  Connect To Folder（链接文件）工具，弹出对话框可对目前未在目录树中出现的磁盘或文件夹进行链接；② 链接成功，可访问。

反之，点击File菜单栏下或工具条上 Disconnect Folder（断开链接）工具，可对不需要在目录树中显示出现的磁盘或文件夹断开链接。一般来说，可对经常访问的磁盘或文件夹建立链接，而对偶尔访问的磁盘或文件夹断开链接，这样可提高运行速度。

（2）快速预览查看地图

在ArcCatalog中可在不生成地图情景下，快速预览查看地图。主要是通过内容浏览窗口中的Preview（预览）选项卡Geography（地理视图）方式下，通过Geography工具条实现（图2-11）。例如，目录树中找到C:\Programe files\ArcGIS\ArcGlobeData\continent.shp，通过Geography上相应工具条可快速放大查看、查询地图数据。

（3）快速浏览表格数据

在不生成地图情景下，也可在ArcCatalog中快速预览查看表格数据。Preview（预览）选项卡Table（表格视图）方式下即可查看。同时，可在需关注的列名上单击右键，弹出快捷菜单，通过Sort Ascending（升序）、Sort Descending（降序）、Advancing Sorting（高级分类）、Stastics（统计）、Freeze/Unfreeze Column（冻结或非冻结）对所关注的列进行相应操作查看。

另外，单击表格右下方的Options（选项）按钮，选择Add Field（增加字段）命令，可为表格增加新数据列，新列出现在表的最左边。若需要删除某列，在需删除的列名上单击右键，Delete Field（删除字段）可删除不需要的列。

（4）显示文件类型的设置

首次启用ArcCatalog时，很多在Windows资源管理器中显示的文件，却不能在ArcCatalog中显示。主要原因在于ArcCatalog是专门针对ArcGIS以地理数据为对象的资源管理器。可能有些其他类型的文件也包含着与地理数据相关的信息，为了显示这些文件，需要把相应的文件类型添加到ArcCatalog的文件类型列表框中。

图2-11　地理视图工具条

图2-12　创建Geodatabase

在菜单栏Tools下Options命令，在Options对话框中的General选项卡，可勾选想要显示的数据类型。

（5）Geodatabase的创建

Geodatabase是一种现代地理信息数据模型，是ESRI公司经过多年研发，在先前数据模型的基础上进化而来的。它按照一定的模型和规则组合地理要素，提供对要素类及其拓扑关系、复合网络、要素间关系以及其他面向对象要素的支持。它定义了所有在ArcGIS中可以被使用的数据类型（如要素、栅格、地址等）及其显示、访问、存储、管理和处理的方法。在ArcCatalog目录树中，选中目标文件夹，右键选择New（新建）选项，可创建File Geodatabase和Personal Geodatabase（图2-12）。

Personal Geodatabase和File Geodatabase分别表示个人型geodatabase和文件型geodatabase。个人型geodatabase是依靠Microsoft Access系统来管理数据，数据集存储在数据文件中，容量控制在2GB。文件型geodatabase的数据集存储在文件系统的文件夹里。每一个数据集都被当做一个文件来处理，大小可以是1TB。与文件型geodatabase相比，个人型geodatabase容量虽小很多，但也基本能满足景观规划中空间分析的需要。

（6）快速启动ArcMap

在已打开ArcCatalog的界面窗口时，可通过工具栏 Launch ArcMap按钮，快速启动ArcMap。

2.3　ArcScene应用基础

ArcScene是ArcGIS Desktop系统重要的三维分析模块的一部分，它具有创建三维数据层、把二维数据生成三维数据、进行三维分析、编辑三维要素、生成三维动画、管理三维GIS数据等功能。

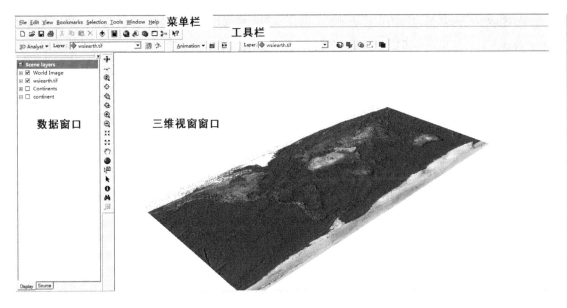

图2-13 ArcScene界面组成

2.3.1 ArcScene**界面组成**

（1）菜单栏

位于窗口界面的最顶部。主要由菜单File（文件）、Edit（编辑）、View（视图）、Bookmarks（书签）、Selection（选择）、Tools（工具）、Window（窗口操作）、Help（帮助）组成（图2-13）。

（2）工具条

紧位于菜单栏下。鼠标放置在工具条处，右键菜单栏中可勾选调出当前未显示的工具条。与ArcMap相比，ArcScene所含工具条较少，主要是进行三维分析相关的工具条。

（3）数据窗口

位于操作界面的左侧，可显示查看已添加进入ArcScene中的数据。有Display、Source两种显示方式，含义与ArcMap相同。

（4）三维视窗窗口

位于窗口界面右侧。ArcScene中添加加入相关数据后，系统会自动默认调整为全景鸟瞰视角，为三维制作或分析做好准备。这与ArcMap地图显示窗口中全景平面地图的显示方式不同。

2.3.2 **基础操作**

可通过两种方式启动ArcScene。第一种是直接通过ArcGIS的安装程序中，点击启动ArcScene模块；第二种方式则是在ArcMap的**3D Analyst**（三维分析）工具条中点击 按钮启动。

ArcScene中新建空白地图、创建地图、数据层的基础操作与ArcMap中十分类似，相应内容可参考前面内容，这里不再重复。需要指出的是ArcScene的Tools工具条，针对三维视图的需要，比ArcMap增加了 ✛ ∿ ⊕ ✛ ⊕ ⊕ Nativate（三维导航）、Fly（飞行）、Center on Target（以目标为中心）、Zoom to Target（放大目标）、Set Observer（设置观测点）等三维浏览工具。具体可从C:\Programe files\ArcGIS\ArcGlobeData添加数据数据至ArcScene来体验这些浏览工具的使用。

2.4 ArcToolbox应用基础

在ArcGIS中，Geoprocessing（空间处理）是利用工具（ArcTool）来进行处理，工具运行有对话框运行形式、命令运行的形式、模型运行的形式、脚本运行形式。ArcToolbox则提供了一个窗口用于工具的管理与应用，窗口中的所有工具都是以对话框方式运行。ArcGIS 9之后，ArcToolbox成为ArcMap、ArcCatalog、ArcScene、ArcGlobe中的一个弹性窗口。ArcToolbox中自带有200多个系统工具，另外用户可以增加和产生新的工具。

2.4.1 ArcToolbox基础操作

（1）启动ArcToolbox

可以在ArcMap、ArcCatalog、ArcScene、ArcGlobe模块中单击工具条上 ⬢ ArcToolbox按钮来启动（图2-14）。

ArcToolbox窗口由多个Toolset（工具集）组成，每个工具集中又包含着子工具集，子工具集中包含着相应的工具，均以树状结构进行组织。

ArcToolbox下有Faviorites、Index、Search三项选项卡。其中的Index（索引）和Search（搜索）选项卡可用于根据工具的关键词和名称查找相对应的工具。

（2）扩展工具的激活

Extensions（扩展）工具是拥有独立许可证的可选产品，提供了额外的GIS空间处理功能。若在安装ArcGIS Desktop系统产品时，使用了完全安装的方式，这些扩展工具也会随之安装。首次使用ArcToolbox时，Extensions（扩展）工具需要激活。方法是1点击菜单栏Tools内Extensions；2弹出Extensions对话框中可勾选需要使用的扩展工具，勾选后相应的工具便可使用（图2-15）。

（3）创建新的ArcToolbox

在ArcToolbox窗口中，点击右键，在菜单面板中选择New Toolbox，将产生新的工具箱。选中该工具箱，点击右键，通过New命令可以新建工具集、模型（Model）和数据转换工具；通过Add命令可以加载

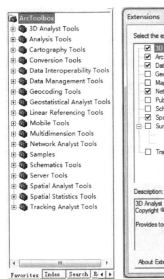

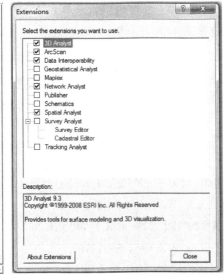

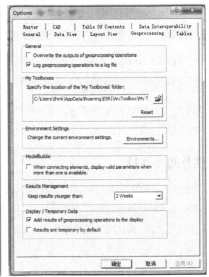

图2-14　ArcToolbox　　　　图2-15　扩展工具的激活　　　图2-16　修改工具箱存放路径选项卡

系统工具、以脚本语言开发的工具以及动态链接库（dll）形式的工具。

用户新建或增加的工具随所在的工具箱保存在指定路径下。点击菜单栏Tools下的Options，在Options对话框中选择Geoprocessing选项卡，可修改工具箱的存放路径（图2-16）。

每次启动系统时，工具箱窗口只显示系统自身的工具箱，如要显示用户建立的工具箱，可点击右键，选择Add Toolbox，在指定路径下选择相应的工具箱；也可以在ArcCatalog下把自建的工具箱增加到系统工具箱中。

2.4.2　常用工具集简介

参照本书后面技术案例，主要介绍几种在景观规划空间处理过程中常用的工具集。

3D Analyst Tools（三维分析工具）在ArcMap、ArcCatalog、ArcScene、ArcGlobe中均可以使用，但各具特点。在ArcMap中主要可以实现以下任务：用已有GIS数据创建表面、查询表面各个部分的属性信息、表面积计算、某平面以上或以下的体积、坡度坡向分析、分析地表不同点的可视性、最陡路径分析。

Analysis Tools（分析工具）提供了许多工具集以完成各种矢量数据的地理操作。包含有四个工具集：Extract（提取要素）、Overlay（叠置分析）、Proximity（临近分析）、Statistics（统计分析）。

Conversion Tools（数据转换工具）包含着一系列可以使数据在不同格式间进行转换的工具。主要有输入工具和输出工具两类。输入工具主要有From Raster、From WFS、Metadata；输出工具主要有To CAD、To Coverage、To dBASE、To Geodatabase、To KML、To Raster、To Shapefile。

Data Management Tools（数据管理工具）提供了丰富的开发、管理和维持数据的工具。是用于定义要素和属性，并为空间分析和属性分析准备地理数据的工具集。

Spatial Analyst Tools（空间分析工具）：栅格数据结构提供了用于空间分析的大量而全面的模型环境。而空间分析工具则提供了丰富的工具对栅格单元进行分析操作。本书中许多针对栅格数据进行空间分析的工具就来自此工具集。

推荐阅读书目

1. Kennedy, M. ArcGIS地理信息系统基础与实训[M]. 第2版. 蒋波涛, 袁娅娅, 译. 北京: 清华大学出版社, 2011.

2. Chang, Kang-tsung. 地理信息系统导论[M]. 陈健飞, 等, 译. 北京: 科学出版社, 2006.

3. 汤国安, 杨昕. ArcGIS地理信息系统空间分析实验教程[M]. 第2版. 北京: 科学出版社, 2012.

4. 汤国安, 赵牡丹, 杨昕, 周毅. 地理信息系统[M]. 第2版. 北京: 科学出版社, 2010.

5. 吴静, 何必, 李海涛. ArcGIS 9.3 Desktop地理信息系统应用教程[M]. 北京: 清华大学出版社, 2011.

6. 吴秀芹. ArcGIS 9 地理信息系统应用与实践[M]. 北京: 清华大学出版社, 2007.

第3章 选址分析技术

空间选址问题在城市规划、风景园林、区域规划等专业领域都有着非常广泛的应用。如居住区、超市、银行、工厂、仓库、公园等公共绿色空间、急救中心、消防站、垃圾处理中心、物流中心的空间选址等。空间选址常常是规划中需最先回答的问题（即回答在哪进行规划），也是规划中最重要的长期决策之一。选址的好坏直接影响到公共设施使用频率、城市的宜居性、舒适性、安全性等。好的选址会给居民的日常生活、休闲游憩带来便利，差的选址往往会给居民生活带来很大的不便，甚至是灾难。如2004年12月26日，印度洋由地震引起的海啸对印度尼西亚海滨地区产生了毁灭性的影响，带来了空前的灾害。之后的现场搜索调查表明，海啸灾害所造成的损失在一定程度上与滨岸带不合理的建设选址有关。本该保留自然海岸带系统的地带却被人为地开发与利用，不适宜人类活动的区域也开发建设成了人类活动区。

所以，选址在城市规划、风景园林、区域规划中至关重要，选址问题也一直是各相关专业关注的焦点。

3.1 选址分析

从选址问题本质上说，空间选址是指在一定地理区域内为一个或多个选址对象选定位置，使某一指标或综合指标达到最优的过程。根据指标差异，选址问题主要可分为下面4项问题：

（1）条件

即根据一系列选址条件，符合条件的选址区域在哪里。如本章城市湿地公园应用实例中，符合城市湿地公园建设条件的地块在哪？

（2）趋势

即根据某个地方发生的某个事件及其随时间的变化，符合条件的对象在哪里。如城市某居住小区发生火灾，对于消防队员来说，能在最短时间内到达火灾现场的消防救援路径在哪？

（3）模式

即某个地方存在的空间实体的分布模式。如城市中现有公共绿地的分布模式如何？拟新建的公共绿地如何选址，以更好地满足市民就近使用的需要？

（4）模拟

即某个地方如果具备某种条件会发生什么。如城市规划中，常需要根据经济发展和政策制定，模拟预测城市未来的空间拓展和城市形态。

针对各类选址问题，目前解决选址问题的各类方法也非常的多。如因子交集法、适宜性分析方法、层次分析法、重心法、遗传算法、模糊综合判定法、分枝定界法等。本章将结合应用案例，着重介绍因子交集法，作为ArcGIS软件的入门训练方法。适宜性分析方法和层次分析方法将在后面的适宜性分析技术章节一并介绍。

3.2 因子交集法技术原理

条件选址类问题中，常常会给出一系列选址要求或条件，寻找符合这一系列要求或条件的空间区域或空间地块事实上就是求取这一系列条件交集的过程。基于GIS的因子交集法主要包括以下几项技术：空间缓冲技术、通过空间位置进行选择技术、通过属性进行选择技术。

3.2.1 空间缓冲

在某一指定要素（可以是点、线、面要素）周围某一指定距离内创建缓冲区多边形（图3-1）。缓冲区分析是用来确定不同地理要素的空间近邻性和接近程度的一类重要的空间操作。当考察发生在地理要素及其附近活动的影响范围时，需要围绕地理要素生成缓冲区，进行空间缓冲区分析。可以输入一个固定值或一个包含数值的字段作为缓冲距离参数。缓冲例程将遍历输入要素的每个顶点并创建缓冲区偏移，将通过这些偏移创建输出缓冲区要素。当缓冲距离为一个固定值时，如图3-2所示，由于缓冲距离为常量，因此缓冲后所有要素的宽度相同；当缓冲距离由字段决定时，如图3-3所示，由于缓冲距离取决于字段值，因此可以在同一操作中应用多种不同的缓冲宽度。

GIS中有两种方法可以生成缓冲偏移：欧氏方法和测地线方法。

欧氏缓冲使用二维距离公式偏移以计算缓冲区域。欧氏距离算法是指计算源像元（矢量点）中心与每个周围像元中心（矢量点）之间的欧氏距离。从概念上讲，欧式算法的原理如下：对于每个像元（或矢量点），通过用x_max和y_max作为三角形的两条边来计算斜边的方法，确定与每个源像元之间的距离（图3-4），即二维空间的欧氏距离公式为：$D=\sqrt{(x_1-x_2)^2+(y_1-y_2)^2}$，这种计算方法得出的是真实欧氏距离。

测地线缓冲的方法通过将偏移投影到地球表面（椭球体）上来计算各个偏移，进而输出缓冲区。在满足以下三项条件是可使用测地线缓冲算法：输入要素类包含一点或多点；输入要素类具有地理坐标系

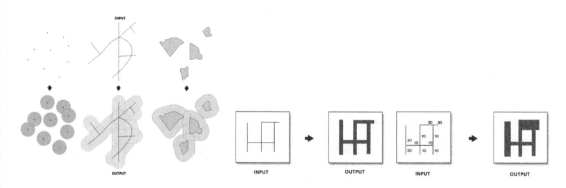

图3-1 点、线、面的空间缓冲分析　　　图3-2 缓冲为一固定值　　　图3-3 缓冲为多项值

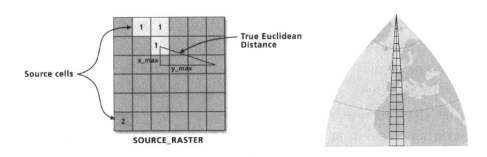

图3-4　真实像元欧氏距离的算法　图3-5　1经度1纬度方形区域变形

（未投影）；使用线性单位（例如，千米或英里）指定缓冲距离。

测地线缓冲方法将生成不受投影坐标系中固有变形影响的缓冲区。在为地理坐标系中的要素生成缓冲区时，此方法尤为重要。这是因为，尽管在整个坐标系中对纬度的转换固定不变，但是由经度到线性距离的转换却会随着远离赤道而发生很大变化。例如，在赤道上，1十进制度（decimal degree）等于111.325km，但是从赤道向北或向南移动时，经线的间距将越来越小：在纬度为30°的位置，一经度等于96.49km，但在纬度为60°的位置，一经度只等于55.80km。最后，所有经线均汇聚于极点。图3-5显示的是，在逐渐远离赤道的过程中，长宽分别为1经度和1纬度的方形区域在形状和大小上将如何变化。

3.2.2　通过空间位置进行选择技术

通过空间位置进行选择主要是指基于与另一图层中要素的空间关系对图层选择执行添加、更新或移除操作。这是在GIS中最为常用的选择工具。GIS中，选择时的空间位置关系见表3-1。表中列出了按位置选择图层处理技术中提供的关系选项。

表3-1　空间位置关系选择表

地理处理工具	选择 \ 按位置选择...
INTERSECT	目标图层要素与源图层要素相交
INTERSECT_3D	目标图层要素与源图层要素相交（3d）
WITHIN_A_DISTANCE	目标图层要素在源图层要素的某一距离范围内
WITHIN_A_DISTANCE_3D	目标图层要素在源图层要素的某一距离范围内（3d）
CONTAINS	目标图层要素包含源图层要素
COMPLETELY_CONTAINS	目标图层要素完全包含源图层要素
CONTAINS_CLEMENTINI	目标图层要素完全包含（Clementini）源图层要素
WITHIN	目标图层要素在源图层要素范围内
COMPLETELY_WITHIN	目标图层要素完全位于源图层要素范围内

续

地理处理工具	选择\按位置选择...
WITHIN_CLEMENTINI	目标图层要素在源图层要素范围内（Clementini）
ARE_IDENTICAL_TO	目标图层要素与源图层要素相同
BOUNDARY_TOUCHES	目标图层要素接触源图层要素的边界
SHARE_A_LINE_SEGMENT_WITH	目标图层要素与源图层要素共线
CROSSED_BY_THE_OUTLINE_OF	目标图层要素与源图层要素的轮廓交叉
HAVE_THEIR_CENTER_IN	目标图层要素的质心在源图层要素内

其中，CONTAINS、COMPLETELY_CONTAINS、CONTAINS_CLEMENTINI空间选择关系有所不同。CONTAINS：在输入要素图层中选择满足以下条件的要素：包含选择的要素图层中的要素。选择的要素可位于输入要素图层的内部，也可位于输入要素图层的边界上。COMPLETELY_CONTAINS：在输入要素图层中选择满足以下条件的要素：包含选择的要素图层中的要素且该要素不与输入要素图层的边界相交。CONTAINS_CLEMENTINI：生成结果与CONTAINS的结果相同，区别在于：如果选择的要素图层中的要素完全处于输入要素图层的边界上，即所包含要素的任何部分均不位于输入要素图层中要素的内部，将不会选择该输入要素。CLEMENTINI假定点的边界始终为空，线的边界为端点。

另外，WITHIN、COMPLETELY_WITHIN、WITHIN_CLEMENTINI的空间选择关系也有所区别。WITHIN：在输入要素图层中选择满足以下条件的要素：位于或包含在选择的要素图层中的要素内。COMPLETELY_WITHIN：生成结果与WITHIN的结果相同，但输入要素图层中的要素与选择的要素图层中的要素的边界相交时则例外，此时将不选择该要素。WITHIN_CLEMENTINI：结果与WITHIN的结果相同，但输入要素图层中的要素完全位于选择的要素图层中要素的边界上时则例外。CLEMENTINI假定点的边界始终为空，线的边界为端点。

具体可通过以下三个示例理解空间位置的关系选择。

如通过面要素来选择线要素（图3-6，表3-2）。

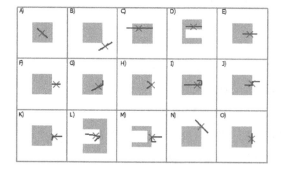

图3-6　通过面选择线

表3-2　通过面要素选择线要素

空间位置关系	选择结果
INTERSECT	A、C、D、E、F、G、H、I、J、K、L、M、N、O
WITHIN	A、D、G、H、I、O
COMPLETELY_WITHIN	A
WITHIN_CLEMENTINI	A、D、G、H、I
BOUNDARY_TOUCHES	D、F、G、H、I、K、L、M、N、O
SHARE_A_LINE_SEGMENT_WITH	G、I、J、K、M、O
CROSSED_BY_THE_OUTLINE_OF	C、E、H、L、N
HAVE_THEIR_CENTER_IN	A、C、D、E、G、H、I、J、O

通过线要素来选择面要素（图3-7、表3-3）。

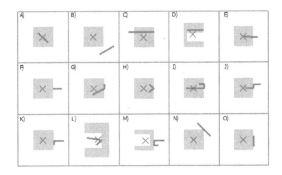

图3-7　使用线选择面

表3-3　使用线选择面

空间位置关系	选择结果
INTERSECT	A、C、D、E、F、G、H、I、J、K、L、M、Nw
CONTAINS	A、D、G、H、I、O
COMPLETELY_CONTAINS	A
CONTAINS_CLEMENTINI	A、D、G、H、I
BOUNDARY_TOUCHES	D、F、G、H、I、K、L、M、N、O
SHARE_A_LINE_SEGMENT_WITH	G、I、J、K、M、O
CROSSED_BY_THE_OUTLINE_OF	C、E、H、L、N
HAVE_THEIR_CENTER_IN	E、I、L

再如，通过面要素来选择面要素（图3-8、表3-4）。

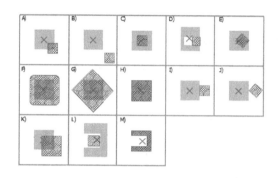

图3-8 通过面来选择面

表3-4 通过面来选择面

空间位置关系	选择结果
INTERSECT	A、C、D、E、F、G、H、I、J、K、M
CONTAINS	C、E、H、M
COMPLETELY_CONTAINS	C
CONTAINS_CLEMENTINI	C、E、H、M
WITHIN	F、G、H、M
COMPLETELY_WITHIN	F
WITHIN_CLEMENTINI	F、G、H、M
ARE_IDENTICAL_TO	H、M
BOUNDARY_TOUCHES	D、E、G、H、I、J、M
SHARE_A_LINE_SEGMENT_WITH	D、H、I、M
CROSSED_BY_THE_OUTLINE_OF	A、E、G、J、K
HAVE_THEIR_CENTER_IN	C、E、F、G、H、K、L

3.2.3 通过属性进行选择技术

通过属性进行选择是基于属性查询在图层或表视图中添加、更新或移除选择内容。GIS中按属性进行选择技术，最主要的内容是针对关系模型（Relation model），构建SQL查询表达式，用于选择要素和表记录的子集。

关系模型是用二维表格实体以及实体间联系的模型。关系数据库建立于关系模型之上。在关系模型中，字段称为属性，字段值称为属性值，记录类型称为关系模型。R是关系模型的名称。记录称为元组，元组的集合称为关系或实例。健是关系模型中的一个重要概念。在一个关系中，健是指能唯一标识元组的属性或属性集。Id等都可作为关系R的健。关系中每一个属性都有一个取值范围，这个取值范围称为属性的值域。

结构化查询语言SQL（Structured Query Language）是基于关系运算的数据库操作与程序设计语言。

SQL的前身是IBM的关系数据库管理系统System-9上的SEQUEL。IBM的SQL/DS及DB2全采用这种语言。目前，美国国家标准化协会（ANSI）已把SQL作为关系DBMS标准语言的基础，国际标准化组织也采纳同样的建议。SQL是一个集合级的语言，它的操纵对象与结果都是表。

ArcGIS中的查询表达式是符合标准的SQL表达式。我们可以在使用按属性选择工具或查询构建器对话框时使用此语法来设置图层定义查询。查询表达式使用"Select * From <图层或数据集> Where ……"，SELECT * FROM构成了SQL表达式的第一部分，系统会自动提供该语句；Where子句后面是SQL表达式（即SELECT * FROM <图层名称> WHERE之后的SQL表达式部分）。在ArcGIS中SQL查询表达式的一般格式为：

<字段名> <运算符> <值或字符串>

对于组合查询，则使用以下格式：

<字段名> <运算符> <值或字符串> <连接符> <字段名> <运算符> <值或字符串> ...

也可以使用括号（ ）来定义组合查询中的运算顺序。

表达式的后半部分WHERE子句，是必须构建的部分。如按照前面表达式的格式，WHERE子句可以如下例所示：STATE_NAME = 'Alabama'，表示在名为STATE_NAME的字段中选择包含"Alabama"的要素。

以下是几种常用的SQL语法：

① 搜索字符串时，字符串必须用单引号括起。例如，"STATE_NAME" = 'California'

② NULL来选择指定字段为空值的要素和记录，NULL前面要使用IS或IS NOT。例如，要查找尚未输入1996年人口的城市，SQL查询表达式可使用：

"POPULATION96" IS NULL

相反，要查找已输入1996年人口的城市，可使用：

"POPULATION96" IS NOT NULL

③ 搜索数字时，可使用等于（=）、不等于（<>）、大于（>）、小于（<）、大于等于（≥）、小于等于（≤）和BETWEEN运算符查询数字。

④ 需要进行计算时，可使用算术运算符 +、−、* 和 / 在查询中加入计算。可在字段和数字之间进行计算。

例如，"AREA" ≥ "PERIMETER" * 100；也可在字段之间进行计算。例如，要查找人口密度小于等于每平方英里25人的所有国家，可使用以下表达式："POP1990"/"AREA" ≤ 25

⑤ 组合表达式。通过使用AND和OR、NOT运算符将表达式组合在一起，可构建复杂表达式。

例如，以下表达式将选择面积超过1500sq.ft（1sq.ft≈0.093m²）的所有房屋和一个可容纳三台或更多汽车的车库："AREA" > 1500 AND "GARAGE" > 3

如果使用OR运算符，OR运算符两侧的两个表达式中必须至少有一个为真时才会选择记录。例如，"RAINFALL" < 20 OR "SLOPE" > 35

在表达式开头使用 NOT 运算符可查找与指定表达式不匹配的要素或记录。例如，NOT "STATE_NAME" = 'Colorado'

NOT表达式可与AND和OR组合。例如，以下表达式将选择除Maine以外的所有新英格兰州。"SUB_REGION" = 'New England' AND NOT "STATE_NAME" = 'Maine'

⑥ 优先运算符。表达式求值顺序遵照标准的优先运算符级别规则。例如，求值时，首先计算用括号括起的表达式部分，然后再计算其他未括起部分。例如，"HOUSEHOLDS" > "MALES" * "POP90_SQMI" + "AREA"与"HOUSEHOLDS" > "MALES" * （"POP90_SQMI" + "AREA"）表达式的求值顺序不同。

3.3 应用案例：城市湿地公园选址

3.3.1 选址原则

（1）案例背景

某城市建成区的规模正在不断扩大。为了支持城市的快速发展，市政府决定新建一处湿地公园。该公园主要目标首先是通过人工湿地的建设，收集处理城市生活污水，以更好地保护和循环利用宝贵的水资源，满足城市未来更大的用水需要；其次是将该人工湿地建设成公园，展示污水处理过程，发挥教育、休闲、娱乐等功能。

本项目的目标是在市内寻找一块或多块最适合新建湿地公园的地块，并将选址分析结果提交至市政府委员会，为湿地公园的选址决策提供依据。

（2）选址要求

市政府对该湿地公园的选址要求分为强制性要求和优先执行要求两类。其中强制性的要求为：

① 湿地公园场地的海拔高度必须小于365m。海拔高于365m将增加湿地公园水管道铺设的成本，超出湿地公园的建设造价预算；

② 湿地公园必须位于城市河流泛洪区区域之外。能避免因洪水淹没湿地公园造成二次污染的事件；

③ 湿地公园与城市河流的距离不超过1000m。该条件能缩短净化后出水管道与河流距离，降低管道铺设成本；

④ 湿地公园与居民区和公园的间隔距离至少不低于150m。尽可能使市内公园呈均匀分布格局；

⑤ 建设湿地公园的地块必须是空地。这样能保证建设成本最小；

⑥ 湿地公园场地的面积不能小于150000m²，保证湿地公园建设的最低面积需要。

在满足强制条件基础上，优先执行或选择的条件为：

① 湿地公园距城市目前污水中转站的距离在1000m之内为优，在500m之内为更优；

② 湿地公园距离现有道路的距离在50m之内为优。

3.3.2　分析思路

在开始执行GIS分析之前，规划师对规划目标、项目分析所需数据及在GIS中如何进行分析等都应有清晰认识，做好相应准备，这样才能保证启动GIS后操作分析的流畅连贯，做到事半功倍。我们将按照之前所总结的在GIS中进行景观规划工作的步骤对本案例进行分析。

（1）识别规划目标

本规划选址项目的目标是寻找同时满足表1中7项强制条件及2项优先条件的地块，以满足后期湿地公园建设的需要（表3-5）。

表3-5　选址准则及其对应数据表

	选址准则	相对应数据	数据类型
强制条件	海拔低于365m	城市海拔数据	空间栅格数据
	位于泛洪区外	河流泛洪区分布范围数据	空间矢量数据
	与河流距离小于1000m	城市河流分布数据	空间矢量数据
	与居民区距离不低于150m	城市居民区分布数据	空间矢量数据
	与公园距离不低于150m	城市公园分布数据	空间矢量数据+纸质扫描数据
强制条件	地块为空地	城市土地利用类型数据	空间矢量数据
	面积不小于150000m^2	城市地块面积数据	空间矢量数据
优先条件	与污水中转站的距离在500或1000m内	城市污水中转站分布数据	空间矢量数据
	与现有道路距离在50m之内	城市道路数据	空间矢量数据

（2）明确所需数据

为了能保证最终所确定的地块既能满足以上强制条件与优先条件，每一条件都需用其相对应的数据表示出来，以利于寻找确定满足条件地块。明确所需数据之后，还要进一步考虑这些数据所能获得的数据类型。若能直接得到相应的空间矢量数据，将会大幅减少分析前的数据准备整理工作；若只能取得相应的纸质数据或CAD格式的数据，则需对所需数据进行提取、整理、赋值。

在本案例中，市政府已直接为我们提供了相关数据，其中城市海拔数据为栅格数据；城市公园分布数据为空间矢量数据和纸质扫描数据，纸质扫描数据记录了城市近年新建的几处公园，至今仍未来得及形成矢量数据；其余数据均为矢量数据，可以直接在GIS中使用（表3-5）。

（3）理清空间分析思路

从条件上看，限制湿地公园地块选址的要求非常多，但只要仔细琢磨，仍不难发现其中的逻辑关系。根据选址条件的空间范围，可将选址条件大致划分成三大类。第一类为位于某某范围内，如强制条件中的位于海拔365m以下范围内、位于河流1000m范围内；优先条件中的位于污水中转站500或1000m范围内，位于道路50m范围内。第二类为位于某某范围之外，如强制条件中的位于泛洪区域之外、位于居民地和公园150m的范围值外。第三类为符合某一特定要求，如强制条件中需符合地块为空地及面积大于150000m²这两特定要求。

若把城市内地块和选址条件看成是不同集合，无论是强制条件还是优先条件，其分析过程本质上均是通过选址要求，通过反复求取交集，不断缩小地块集合范围与内容的过程。最终与7项强制条件集合同时呈交集的地块为基本适宜地块，再能与2项优先条件相交的为最佳适宜地块。

进行GIS分析过程中，第一步应确定能同时满足强制条件的基本适宜地块，第二步再根据优先条件，确立最佳适宜地块。

3.3.3　ArcGIS中技术实现过程

（1）数据准备

案例数据存放在光盘Case_3/initial_data/project和Case_3/initial_data/Data/City_Geodatabase中。所含数据的内容如下。historic.tif：为城市新增加公园的纸版扫描数据；parcel_1和parcel_2：包含城市内地块信息数据；junction：城市污水中转站数据；river：城市河流数据；elevation：城市海拔的数字高程模型，为栅格数据；lowland：城市海拔<365m区域范围；flood_polygon：城市泛洪区区域数据；parks_polygon：城市内公园的数据；street_arc：城市街道信息数据。

① 备份取得的原始数据和新建立专类文件夹。

※GIS中备份原始数据和新建专类文件夹的目的与技巧：

保留好原始数据。拷贝原始数据并存放于专门的文件夹中。使用备份出的数据进行之后数据准备与空间分析，这样能避免对原始数据进行编辑修改，方便以后其他项目对原始数据的使用。

新建专类文件夹可分为两类，一类是Input dataset 存放输入数据的文件夹，另一类是专门存放分析数据的Analysis dataset。特别需注意Analysis dataset分析文件夹的作用，由于GIS空间分析中会产生大量过渡性分析数据和最终分析数据，建立专类文件夹有利于这些数据的存放和以后相关数据的快速查找使用。

a. 启动ArcGIS下的ArcCatalog程序，进入ArcCatalog界面，该界面与Windows系统的资源管理器十分相似，它主要是针对性地管理ArcGIS中的数据。在非系统盘新建名为"Case_1"文件夹，用于存放本

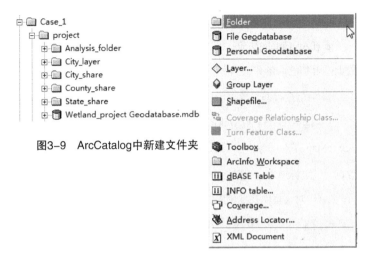

图3-9　ArcCatalog中新建文件夹

图3-10　Project文件夹下内容

湿地公园选址案例中的所有数据。步骤即选中盘符——右键——New——Folder——命名为Case_1
（图3-9）；

b. 将本书所附光盘中Case_3的initial_data（原始数据）中的Project拷贝到上步新建Case_1文件夹内。
方法一是按ctrl键，鼠标拖Project文件夹到文件夹Case_1。方法二是鼠标右键，点击copy，回到上步新建
Case_1文件夹下paste；

c. 上步备份出的Project文件夹下创建新的geodatabase。在ArcCatalog下，选择之前创建的文
件夹Case_1中Project，点右键——New——选择personal geodatabase，根据本项目的内容，命名为
"WetlandProject"。WetlandProject.geodatabase专门用于存放本项目规划中需要进行补充修改的公园数据
parks_polygon；

d. 同时在Project下，分别创建两个新的City_layers、Analysis_folders文件夹。即右键——New——
folder，分别重新命名为City_layers、Analysis_folders。City_layers用于存放城市相关数据图层street_arc和
flood_polygon，Analysis_folders专类存放本案例分析过程中产生的分析数据。最终，新创建文件夹内容如
图3-10；

接下来是将部分数据移动到对应的文件夹内：

e. 将所附光盘Case_3中initial_data/City_Geodatabase中feature dataset（要素集）的Parks下parks_polygong
公园数据，按住Ctrl键，拖拽复制到之前新建的WetlandProject.geodatabase内。根据选址要求，在之后的工
作中，我们需将城市中近年新建的公园添加到此parks_polygong公园数据中；

f. 创建新的街道和泛洪区图层。方法是将initial_data/City_Geodatabase中Transportation下的street_
arc，选中，右键——Create layer——弹出对话框，将待输出的图层数据选择存入之前新建Project/City_

layers的文件夹下。同样的方法也将Hydrology下的flood_polygon数据输入到City_layers的文件夹内；

　　g. 在ArcCatalog左侧目录树和右侧显示框中查看并核对所有Project中的数据，分析选址条件所对应的数据是否都已准备齐全。

　　② 浏览查看备份数据。

　　a. 启动ArcGIS下的ArcMap程序，进入界面，将Case_1/Project/City_share/land/parcel_1和parcel_2数据加入ArcMap，它们分别包含该城市内所有地块的信息。方法一是启动ArcCatalog，在catalog目录树中找到对应数据——鼠标单击——直接拖拽拉入ArcMap；方法二是直接点击ArcMap工具栏上的✚Add data添加数据工具，在弹出对话框中找到相应路径文件夹内的数据，点击Add添加；

　　b. 之后分别再将Case_1/Project/WetlandProject.geodatabase/Parks_polygon、以及Project/city_shasre/utility/junction数据加入ArcMap。Parks_polygon记录了城市现有公园分布信息，junction记录了城市内污水中转站的分布信息。在左侧数据窗口面板，通过上下拖拉方式，可调整图层排放顺序，同时右侧地图显示窗口，可查看已加入数据。数据窗口面板中选中之前已加入的任一数据——右键——Open Attribute Table，打开属性表，可查看该数据所包含的属性信息；

　　c. 再将Project/County_share/river数据加入ArcMap，它记录了城市内河流分布信息。点●Full Extent全景显示，可全景预览已加入数据；

　　d. 同样，从Project/State_share/elevation添加海拔elevation数据进入ArcMap，出现空间坐标系统不一致的对话框，提示会以首次加入数据的空间坐标系统为当前坐标系统，并自动进行转换，点关闭。Elevation（海拔数据）为grid（栅格）格式，记录了城市的海拔高程信息；

　　e. 最后从Project/State_share/lowland将lowland（低海拔区域）数据加入ArcMap，出现该数据目前未定义空间坐标系统的提示对话框，与当前坐标系统不匹配，继续。点●Full Extent全景显示，右边显示图中会出现上下两小点，之前所加入数据无法全景预览。原因在于lowland数据未定义相应空间坐标系统，加入后不能与其他数据叠加显示。lowland数据是从elevation数据中提取出来，表示该城市海拔低于365m的所有区域。在进行正式选址分析前，需要做的准备工作之一是为lowland数据定义空间坐标系统，定义方法将在后面介绍；

　　f. 虽然不能全景浏览已加入的所有数据，但可分别查看相应数据图像。如在数据窗口面板，选择parcel_1——右键——Zoom To Layer放大到图层，可查看该数据的图像；再如选择lowland——右键——Zoom To Layer，查看该数据的图像。若点击◄Go Back To Previous Extent回到上次显示图像工具，可返回上次显示图像。事实上，所有数据都已成功添加进入ArcMap，只是未能全景叠加显示；

　　g. 修改海拔elevation栅格数据的显示方式。数据窗口面板中单击elevation下的渐变色块——弹出对话框Color Ramp下拉菜单中可调整色块颜色，选择所喜欢渐变颜色；

　　h. 数据窗口面板中选中elevation——右键——save as layer file，将新调整后的elevation栅格渐变显示颜色以"elevation_grid"为文件名存储在City_layers下。通过这种方式，可以保存设置好的渐变颜色。下次重新编辑时，可直接出现已调整后的颜色。

以上所添加进入ArcMap的数据，在数据窗口面板中的先后顺序如图3-11。

i. ArcMap菜单栏File/Document Properties/Data Source Options——弹出设置场景文件保存方式是绝对路径或相对路径的对话框（图3-12）——选择Store relative path names to data sources（以相对路径保存方式保存数据源），并勾选Make relative paths the default for new map documents I create（将相对路径保存方式设为系统默认方式），——Ok。点击save 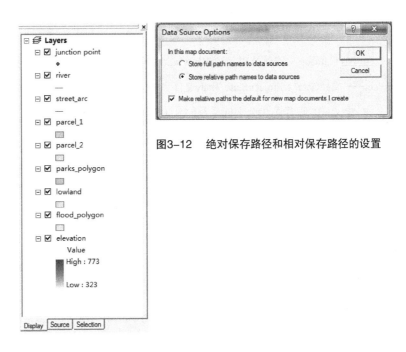，以"wetlandproject_preview"为文件名保存整个地图场景。经过此步的设置，保存后场景文件中的数据，均以相对路径的方式进行保存。

③前期准备工作之一：为lowland（低海拔区域）数据定义空间坐标系统。

定义前有必要先了解如何在ArcCatalog中辨识某数据是否已定义空间坐标系统。如通过catalog目录树查看文件夹Case_1/Project/ WetlandProject/parks_polygon，方法一是右边浏览面板中有Contents、Preview、Metadata三种浏览方式，选择Metadata选项卡下Spatial，可查看该数据Horizontal coordinate system的内容，Projected coordinate system name 表示该数据的投影空间坐标系统，Geographic coordinate system name表示该数据的地理坐标系统。方法二是直接选中该数据，右键——Properties——XY Coordinate System，若无空间坐标系统，则Name相应内容显示为Unknown，Details相应内容为空白。

a. 打开ArcCatalog，将为lowland（低海拔区域）数据定义空间坐标系统；

图3-12　绝对保存路径和相对保存路径的设置

图3-11　ArcMap中数据图层排列顺序

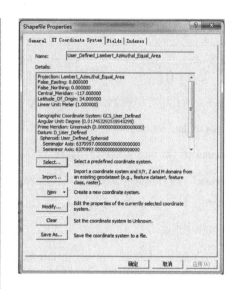

图3-13　查看数据的空间坐标信息

b. catalog左侧目录树中找到project/State_share/lowland数据，右键/Properties/XY Coordinate System，其数据缺少空间坐标系统，为未知Unknown；

本案例中，相关部门已事先为lowland低海拔区域数据预先定义好了坐标系统信息，相应坐标信息以state_dot.prj文件名储存在project/State_share文件夹内，接下来我们将直接选择该文件为lowland数据的空间坐标系统。

c. ArcCatalog左侧目录树，选中lowland，右键——properties——点击XY Coordinate System——Select——找到Case_1/Project/State_share文件夹内的State_dot. prj，确定后自动调入相应坐标系统；

d. 定义成功后显示相关坐标系统信息（图3-13），再次在Metadata——Spatial下查看时，会出现Horizontal coordinate system相应的空间坐标信息；

e. 启动ArcMap，并打开之前保存的场景文件wetlandproject_preview，发现上次不能重叠显示的lowland数据由于定义了空间坐标系统后，自动配准到了elevation海拔栅格数据相应位置，并能与其他数据重叠显示。

④ 前期准备工作之二：对纸版扫描的城市公园数字化。

该准备工作目的是将纸版扫描的城市公园信息添加到parks_polygon公园数据中。首先，为了准确的数字化扫描的parks_polygon公园，需要把能体现该扫描公园在城市中具体位置的地块parcel_2、街道street_arc数据同时打开，针对性分析该扫描公园在城市中确切位置。

a. 打开ArcMap，选择a new empty map（新建空白文档），并将project/wetlandproject.geodatabase/parks_polygon、project/City_share/land/Parcel_2分别加入ArcMap，再将project/City_layers/Street_arc加入

ArcMap；

　　b. 同时将City_share\image\historic.tif加入ArcMap，该图像为新建公园的纸质扫描图像，记录了新建公园分布的相关信息；

　　c. ⬤全景显示时，图像不匹配，不能重叠显示；

　　d. 数据窗口面板中，鼠标选中historicf.ti，右键——zoom to layer，可放大查看该扫描图像。图中黑色粗线表示了公园的轮廓，边上所标数字为该边界长度；该公园名为Homestead Historic Park，位于Robin街道与Peacock街道之间；扫描图像四个角落定义了601、602、610、473四处控制点，它们分别表示相应街道中心线交叉点，是接下来进行空间配准的参考点；

　　e. 点击🖫，以"digital_newpark"为文件名保存该地图场景文件。接下来要进行的工作是空间配准。依据historic.tif中的四处控制点，在street_arc街道数据中，分别找到与601、602、610、473相对应的街道中心线交叉点，通过点对点的方式对historic.tif进行空间配准，为数字化做好准备；

　　f. 点击菜单栏Edit下Find（查找）命令，选择Features（要素）查找方式，Find（查找）：输入Robin；In（在）Street_arc图层内；勾选In Fields（在某一字段内查找）：下拉菜单选择name字段；点击Find，可查找到街道名为Robin的街道（图3-14）。同样的方法，查找Peacock街道位置。鼠标选中查找到的街道——右键——zoom to feature查看该条街道。鼠标选中查找到的街道——右键——Flash闪烁该街道；Zoom to放大查看该街道；

　　g. 在图层面板中，选中street_arc街道数据，右键——Label Features（标记要素），标注出所有街道名称，进一步确定公园所处位置和四处控制点相应位置；

　　h. ⊕放大查看street_arc街道数据中Robin、Peacock等周边几条街道的相关区域，判断此位置为该公园所处位置；

　　i. 鼠标左键对准工具条——右键——勾选调出Georeferencing工具条，准备对栅格数据historic.tif进行

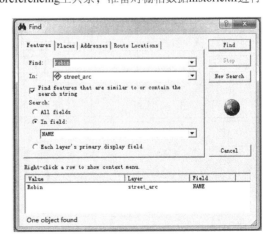

图3-14　Find查找对话框

配准；

　　j. 工具条Georeferencing——layer（图层为）：historic.tif—Georeferencing旁下拉菜单中先去掉勾选Auto Adjust（在配准过程中不会自动校准）；然后再点击Fit to Display（匹配显示）。此时historic.tif能与street_arc等其他数据重叠显示，方便进行配准；

　　k. 点击菜单栏Window内Magnifier（放大镜）工具，拖拉移动可放大查看各类图像，以利于更精准的进行配准；Magnifier（放大镜）默认放大倍数为400%，可通过下拉菜单修改放大倍数；

　　准备进行控制点的连接。historic.tif中已定位出四个控制点，均为街道中心线交点，为空间配准提供参考点，配准过程中，控制点至少应选择3处。接下来，我们首先连接控制点602。

　　l. 利用Magnifier，先在historic.tif扫描图像中放大602这个控制点，点击Georeferencing工具条中 ⚲ Add Control Points工具，起始点点击纸版扫描图上602控制点的十字交叉点，再将终止点点向street_arc数据中与之相对应的街道中心线交叉点；

　　m. 再用同样的方法对601、473两个控制点与street_arc数据中相对应的街道中心线交叉点进行连接；

　　n. 连接完成后，可通过工具条Georeferencing中 ⊞ View Link Table 工具查看所设控制连接点的相关信息，若需删除，可选中，点右上角remove工具即可；

　　o. 三处控制点连接完成后，工具条Georeferencing——Georeferencing旁下拉菜单——Update Georeferencing（更新配准），完成配准如（图3-15）；

　　配准完成后，最后要进行的是数字化工作，包括描绘出公园形状轮廓和为其录入相应的属性特征，如公园名称等。从城市地块parcel_2数据分析，要数字化的公园正好位于robin与sparrow街道西南面第二块地块中。另外，最终数字化完成的新建公园要素应保存在parks_polygon（公园）数据中。

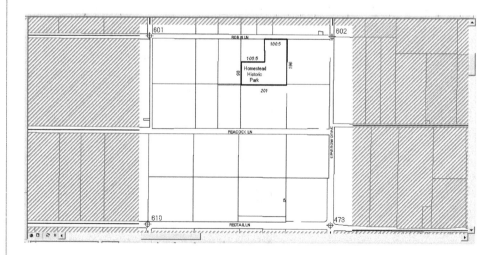

图3-15　配准后栅格图像与矢量图形重叠

p. 数据窗口面板中，调整parcel_2与historic.tif数据的位置，使parcel_2位于historic.tif图层之上。为了避免parcel_2对historic.tif的掩盖遮挡，将Parcel_2图层的填充颜色设置为空，线框颜色设置为红色。即数据窗口面板中，点击parcel_2下颜色框——弹出对话框Symbol Selector（显示符号选择）——左侧面板选择Hollow（空）；右侧Options内Outline Color（外框颜色）选择红色（Mars Red）；

q. 鼠标移动至工具条位置，右键——勾选调出Editor（编辑）工具条——点击Editor下拉菜单Starting Editing（开始编辑）工具，选择开始编辑数据parks_polygon所在文件夹，即Case_1\Project\WetlandProject.geodatabase——Editor工具条上，Task（任务）：Create new feature（创建新要素）；Target（数字化的目标图层）：为parks_polygon；

r. Editor工具条Editor下拉菜单下——snapping（捕捉），设置Snapping捕捉工具——弹出面板中设置捕捉parcel_2的vertex（顶点），即勾选parcel的vertex；

s. Editor工具条中——点击 ✐▼（Create new feature创建新要素），从扫描公园的最东北角的一个点开始向下画，自动捕捉第一个顶点，绘制出一条边（长196）；接下来捕捉最西南的顶点，绘制出第二条边（长201）；

t. 接下来数字化长度98这条边，先右键——Parallel（平行），确定绘制方向；再右键——Length（长度）——对话框内输入长度为：98，回车；

u. 绘制100.5这条边，右键——Parallel，再右键——Length，输入100.5，回车；相似方法，完成剩余其他边界的绘制；所有边界绘制完成后，双击左键，公园绘制完成；

v. 绘制完成后注意保存好数字化的数据，Editor工具条——Editor下拉菜单——Save Edits。将刚才绘制好的要素进行存储（图3-16）；

最后为新增加的公园要素录入相应的信息。

w. 为刚绘制好的公园添加相应字段信息。数据窗口面板中选中park_polygon——右键——Open Attribute Table（打开属性表），显示该数据所包含的所有公园信息，刚绘制好的公园name（名称）内容为空，此时可在name下键盘手动输入新建公园名称为：Homestead Historic（图3-17）；

x. 完成之后，Editor工具条——Editor下拉菜单——Save Edits，保存所做编辑。此时扫描公园已经成功添加到park_polygon数据中，数字化完成。可以在数据窗口面板中——选中historic.tif——右键——remove（除掉）historic.tif图层；

y. 保存save 🖫整个地图场景文献，公园数字化完毕。

⑤ 前期准备工作之三：合并Parcel_01和Parcel_02地块数据。

为了之后选址空间分析的方便，接下来需要将原数据中包含城市地块信息的parcel_1和parcle_2数据合并成为一个数据，合并后命名为"parcel01mrg"。

a. 打开ArcMap，A new empty map（新建空白文档），将project\City_share\land\parcel_1和parcel_2分

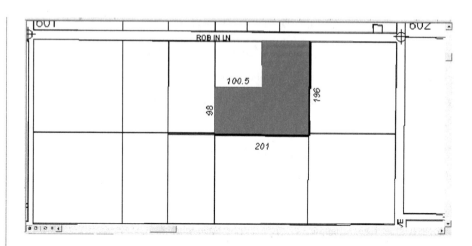

图3-16 完成公园的矢量化

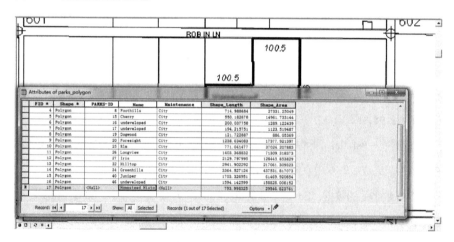

图3-17 录入公园属性数据

别加入ArcMap，将使用Merge（合并）命令对两地块图层进行合并；

b. 点击 ![icon]工具箱按钮，弹出工具箱面板，选择Index（索引）查找命令方式，输入Merge（图3-18），点locate，出现需要使用的Merge命令对话框（图3-19）；

c. Input Datasets（输入需要合并的数据）：分别将需要合并的parcel_1与parcel_2加入；Output Dataset（输出文件保存的位置）：命名合并后数据文件名为"parcel01mrg"，并将之保存于Project/Analysi_folders文件夹内；field map（相应属性字段）：为可选项，非必填项，这里选用默认；点击OK，生成parcel01mrg；

※*分析过程中文件名命名技巧：*

新生成文件的文件名最好能由两部分组成，一部分能直观显示数据类型特征，另一部分则能体现所用分

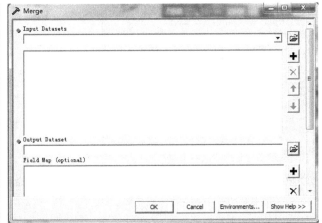

图3-19　Merge对话框

图3-18　索引Merge工具

析命令特征。如这里将merge合并后的文件命名为parcel01mrg，parcel这部分显示该数据是地块信息数据，而mrg则表示该数据是通过merge（合并）命令生成。采用这种命名方式能方便日后对相关数据的查询调取。

　　d. 数据窗口面板中点击新生产的parcel01mrg，右键——Open Attribute Table（查看属性表），并与parcel_01和parcel_02比较merge前后数据的变化。

　　至此，通过之前的工作，所需数据准备工作已完成，可以开始执行湿地公园的选址分析。

　　（2）选址分析

　　首先确定同时满足海拔低于365m且距离河流距离低于1000m的区域范围。

　　① 确定满足海拔<365m与距离河流距离<1000m的区域范围。

　　a. 开启ArcMap，将project/City_layers/Street_arc、project/Analysis_folders/parcel01mrg、project/wetlandproject.geodatabase/parks_polygon、project/County_share/river分别数据加入ArcMap；

　　b. 确定河流1000m范围内区域。对river数据实行buffer（缓冲）命令，确定距河流1000m以内的范围。点击🔲工具箱按钮，选择Index（索引）查找命令方式，输入buffer，查找到buffer工具。点击buffer命令——弹出对话框（图3-20），Input features（输入要素）：将river数据设为进行缓冲的对象；Output Feature Class（输出要素位置）：以"river_buf1"为文件名输出到project/Analysis_folders文件夹内；Distance（缓冲距离）：Liner unit 输入1000，单位选择为Meter；Dissolve Type（溶解类型）：为选填项，由于river数据为5段数据组成，所以为了输出连续完整的缓冲距离，Dissolve Type选项选择All，即将

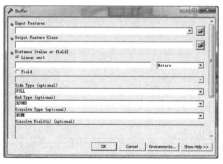
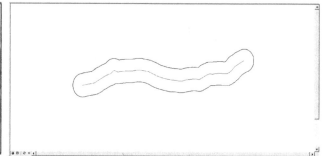

图3-20　buffer命令对话框　　　　　图3-21　缓冲命令执行结果

所有5条河流输出的1000m缓冲的相交区域进行溶解——点击OK，分析结果如图3-21；

　　c. 在ArcMap中添加lowland（低海拔区域）数据，使用 ![icon] 工具箱中Intersect（相交）命令，求取lowland与river_buf1数据的相交部分的交集，出现如图3-22对话框。Input features（输入要素）：将lowland和river_buf1设为输入数据；Output feature class（输出要素）：以"low_river"为文件名，输出位置为project/Analysis_data文件夹内；其他选择默认，点击OK，得到交集数据low_river。该数据即为同时满足海拔<365m与距离河流距离<1000m的区域范围（图3-23）。

　　② 确定位于公园居民区150m范围、河流流域泛洪区之外的范围。

　　先确定公园150m的范围区域：

　　a. 单独显示parks_polygon（公园）图层，使用buffer（缓冲）命令。缓冲距离为150m，Dissolve type设为All；储存文件名为"park02buf"，存放位置为project/Analysis_data文件夹内；

　　接下来确定居民区150m范围区域：

　　b. 单独显示parcel01mrg（合并地块）图层，Open Attribute Table（打开其属性表），查看城市中土地利用类型为residential（居住用地）地块。属性表中Landuse（土地利用类型）是以代码表示，如14，15，

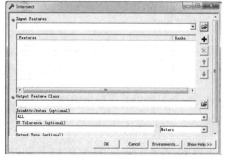
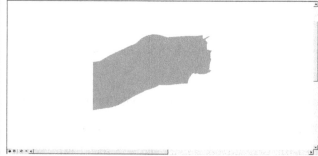

图3-22　Intersect对话框　　　　　图3-23　执行Intersect命令结果

119，723等，因此需要进一步获取代码所代表土地利用类型。启动ArcCatalog，查询parcel_1或parcel_2或parcel01mrg数据中的Metadata，在 Stylesheet: FGDC FAQ ▼ ⚡ 📄 📑 📊 Stylesheet为FGDC FAQ方式下，点击问题7.How does the data set describe geographic features? 可了解到代码510——residential表示土地利用类型为Residential（居民区用地），713——Vacant-Undeveloped、723——Vacant-cleared、732——Vacant-structures都表示土地利用类型为Vacant（空地）；

c. 菜单栏Selection——Select by Attribute（通过属性进行选择）——弹出对话框：Layer（确定选择图层）：这里是对parcel01mrg图层进行选择；Method（选择的方法）：有四种选择方式Create a new selection（创建一个新的选择）、Add to current selection（添加到当前的选择之中）、Remove from current selection（从当前选中要素中去除）、Select from current selection（从当前选中的要素中再选择），这里我们使用Creat a new selection；空白的面板中用于建立选择的表达式，这里我们要从地块图层中选择居住区用地，所以建立的表达式为"Landuse"=510，点击OK，可选中城市中所有居住区地块；

d. 在数据窗口面板选中parcel01mrg，右键——selection——create layer from selected features（将选中的要素创建为图层）——即可生成居住区用地地块的临时图层parcel01mrg_selection，为下一步确定居住区150m范围区域做好图层准备；

e. 对临时图层parcel01mrg_selection执行buffer命令，设置150m缓冲距离，Dissolve type设为All，储存文件名为"res01buf"，保存位置为project/Analysis_folders文件夹内；

再将公园150m与居住区150m范围区域合并成一个数据，方便之后分析：

f. ArcToolbox工具箱中，使用Analysis Tools/Overlay/Union（合并）工具，将park02buf（公园150m缓冲区域）与res01buf（居住区150m缓冲区）图层合并。工具对话框中：Input Features（输入要素）：选择park02buf和res01buf；Output Feature Class（输出要素）：文件名设为"respark_buf"，存储位置为project/Analysis_folders文件夹；其他使用默认；点击OK，得到合并后数据；

最后将公园居住区150m范围区域与城市河流泛洪区域合并，生成一个数据：

g. 先将project/City_layers/flood_zone河流泛洪区数据添加到ArcMap，将之与respark_buf数据Union（合并）成一个数据；

h. 同上方法，使用union命令，文件名设为"respark_flood"，文件名体现的是居住区公园及泛洪区数据，存储位置为project/Analysis_folders文件夹；

i. Save，以"wetlandproject"为文件名保存整个地图场景文件。

完成此工作之后，已获得了居住区公园150m范围和泛洪区范围并集的数据（图3-24），至此已定义好7项强制条件中的5项条件，可以在此基础上进行后期分析。

③选择满足强制条件的相关地块。

应注意最终选址目标对象是满足条件的地块，所以接下来进行的选择都是以parcel01mrg（城市地

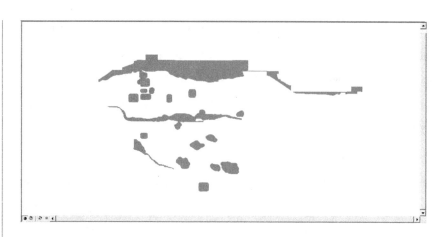

图3-24 执行union命令结果

块）图层为对象。另外，强制条件可大致分为位于某范围之内和位于某范围之外两类。无论先对那类条件进行分析，均可得到相同的分析结果。

方法一，先分析位于某范围之外，后分析位于某范围之内（方法一、二选其一）。

a. 启动ArcMap，打开之前的场景文件wetlandproject；

b. 菜单栏中Selection——Select by Location（通过位置进行选择）——弹出对话框：I Want to：有四中选择方式select feature from（从……选择要素）、add to the currently selected features in（添加到当前已选中的要素中去）、remove from the currently selected features in（从当前已选中的要素中删除）、select from the currently selected features in（从当前已选中的要素中再选择），这里选择select features from；the following layer（在以下图层中）：这里勾选"parcel01mrg"；that：包括13中位置关系，这里选择intersect（相交）；the features in this layer（与以下选择图层中的要素相交）：这里选择respark_flood图层——ok。通过parcel01mrg与respark_flood相交的选择方式，即可选中位于公园住宅泛洪区域范围内的地块，这些当前选中的地块均不符合强制条件；

c. 数据窗口面板中选中parcel01mrg，右键——Seletion——Switch Selection（切换选择集或反选），反选之后即选中与之不相交地块，即选择出了位于公园住宅150m及泛洪区范围之外地块；

d. 此时选中的地块已满足"三项位于……之外"的强制条件，注意保存整个场景文件，save；

下一步分析是在已选中的地块中再选择出海拔<365m、河流1000m范围内的地块：

e. 菜单栏中selection——select by Location——弹出对话框：I want to："select features from the currently selected features in" the following layer："parcel01mrg" that："have their centroid in" the features in this layer："low_river"——ok。注意选择地块的范围是从当前已选中要素中进行选择，选择的位置条件是中心位于low_river（海拔河流1000m范围）内的满足条件地块，进一步缩小了地块范围（图3-25），现在被选中的地块均同时满足强制条件的前5项。

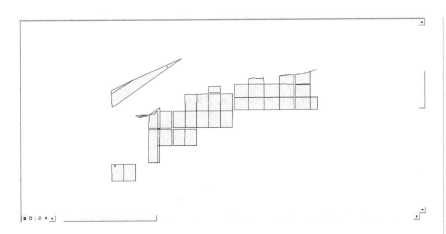

图3-25 满足强制条件前5项地块选择结果

方法二，先分析位于某范围之内，后分析位于某范围之外（方法一、二选其一）

a. 菜单栏中Selection——Select by Location——select features from "parcel01mrg" that "have their centroid in" the features in this layer "low river"——ok；

b. 菜单栏中Selection——Select by Location——I Want to "remove from the currently selected features in" the following layer "parcel01mrg" that "intersect" the features in this layer "respark_flood"——ok。即从上步已选中的地块要素中删除与respark_flood相交的地块；

c. 得到的选址结果与方法一结果一致，但方法二步骤较少，结果如图3-25；

经过这几步分析，选中的地块均同时满足了强制条件前5项，还差用地类型为空地、地块面积这两项条件。

d. 接下来进一步选择土地利用类型（Landuse）为空地（vacant）的地块。菜单栏中Selection——Select by Attribute——对话框：select from current selection（从当前已选中的要素中再选择）；输入表达式 "Landuse" ≥ 700and "Landuse" ≤ 799；OK再次筛选出空地（vacant）地块。注意空地有三种，并用三种代码表示，即713——Vacant-Undeveloped、723——Vacant-cleared、732——Vacant-structures，所编表达式能同时选中这三种代码即为可行；

至此，选择出的地块同时满足前6项强制条件，最后还差面积大于150000m²这项条件。

e. 打开parcel01mrg图层数据的属性表，右键——Open Attribute Table，单独查看当前被选中要素信息，分析Area（面积）字段信息，发现目前选中的地块没有单一面积超过150000m²。但这些地块已同时满足了位于泛洪区之外、与公园及住宅的最小距离超过150m、位于海拔365m之下、距河流距离小于1000m、属于空地，仅还差面积大小这一强制条件，由于未有单一地块面积超过150000m²，面积条件将在最后考虑；

f. 以上选择出的地块是同时符合前6项强制条件的地块，将以上选择出地块的数据单独输出为一图层。即在数据窗口面板中选中parcel01mrg，右键——data——export data（输出数据），输出位置为project/Analysis_folders文件夹内，文件名为"parcel02sel"。

以上已完成了对强制条件的分析，接下来考虑优先条件。

④ 确定公路50m内与污水中转站500、1000m内地块。

为了最终能分门别类的显示分析结果，先进行的工作是在Parcel02sel中添加表示距道路和污水中转站距离的字段，为结果输出做好准备。

a. 在Parcel02sel的属性表中，添加ROAD_DIST和JUNC_DIST字段。方法是右键Open AttributeTable（打开属性表）——option（选项）——Add field（增加字段）——对话框：Name：ROAD_DIST；Type：shortinterger——ok；JUNC_DIST创建方法同理；

b. 查看并确认Attribute table属性表中相关字段增加是否成功；

寻找位于道路50m范围的地块：

c. 菜单栏中Selection——Select by Location——I want to "select features from" the following layer "parcel02sel" that "are within a distance of" the features in this layer "street_arc" apply a buffer to the feature in of 50 meters——Ok。即从parcel02sel地块中选出位于street_arc街道50m范围内地块要素；

d. 为选择出地块的ROAD_DIST字段赋值50，表示该要素在道路50m范围内。Editor工具条，Start Editor——选择需编辑文件所存放位置，即project\Analsyis_folders文件夹内的parcel02sel——start editting——打开parcel02sel属性表——已选择出了满足条件的地块——点击select浏览选中的要素——选中属性表ROAD_DIST一列，对准ROAD_DIST右键——Field Calculator——输入50——ok。即为当前选中地块赋值50成功；

接下来再选择位于污水中转站500m和1000m范围之内地块：

e. 点Save，保存场景文件；

f. 将project/City_share/utility/junction污水中转站数据加入ArcMap；

g. 对junction实行buffer（缓冲）命令，距离为500m，保存位置为project/Analysis_folders文件夹，命名为"Junction_500buf"，得到中转站500m区域范围（图3-26）；

h. 再与parcel02sel进行Selection by Location（通过位置进行选择）。注意此时parcel02sel与Junction_500buf位置的选择为have their centroid in（中心位于Junction_500buf内）的方式，选出污水中转站500m之内的地块；

i. 再如同d中方法，为parcel02sel属性表中选中要素JUNT_DIST字段赋值500；

j. 再次对junciton实行buffer命令，距离为1000m，保存位置为project/Analysis_folders文件夹，命名为"Junction_1000buf"，生成中转站1000m内范围；

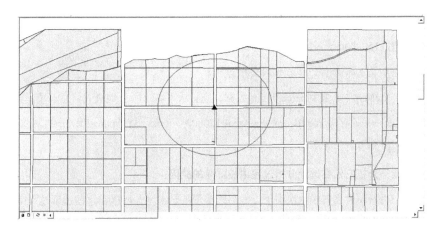

图3-26 污水中转站500m缓冲

k. 与parcel02sel进行Selection by Location。注意此时parcel02sel与Junction_1000buf位置的选择为have their centroid in（中心位于Junction_1000buf内）的方式，选中1000m范围之内的地块；

l. 选中parcel02sel，Open Attribute Table打开属性表，查看当前选中要素。发现原来500m之内的地块也会被选中（原因在于位于500m之内肯定也位于1000m之内）。此时要为距中转站500~1000m内的地块JUNT_DIST赋值1000，则需要先从当前选中要素中去除500m范围内的地块；

m. 属性表内options（选项）——Select by attribute（通过属性选择）——remove from current selection（从当前已选中要素中删除）；JUNC_DIST=500——去掉原来选中的500m之内地块；

n. 再同d中方法为属性表中剩余已选中要素的JUNC_DIST字段赋值1000。完成后保存场景文件。

至此，完成对优先条件的分析。接下来分析之前所剩最后一项条件，即强制条件中地块面积不小于150000m^2。

⑤ 确定面积符合条件的地块。

a. 打开parcel02sel的属性表，表中要素均为符合前6项强制条件地块，同时ROAD_DIST字段为50和JUNC_DIST为500或1000的要素，还符合相应的优先条件；

b. 对准Area字段，点击右键——Sort Descending（降序排列）——发现没有单一地块面积能大于150000m^2。说明单一的地块的面积不能满足相关要求，若要满足这项条件，只能找多块相邻地块，其汇总面积超过150000m^2。因此，考虑在最终分析结果中多块相邻块地块进行拼接，总面积达150000m^{2}以上；

c. 使用 ❶ Identify（查询）工具，查询相邻地块的面积。同时选中相邻多块地的面积，查看属性表——对准AREA——右键——Statistic——对话框，统计所选地块统计信息，其中可了解总面积。查询表明，需要至少3~4块相邻地块才能满足面积超过150000m^2。

在实际建设湿地公园时，可能征收一块地块的难度要远小于征收多块地。由于我们分析结果中缺乏单一土地面积超过150000m^{2}的地块，我们需再梳理我们分析的过程，确认我们没有将土地面积超

150000m²的地块漏选，以检验我们分析结果的准确性。对此，我们先分析整个城市所有地块中是否存在单一超过150000m²的土地。

⑥ 针对面积条件，重新梳理分析过程。

a. ArcMap中，找到parcel01mrg数据，它记录了城市所有地块的信息。菜单栏中Selection——Select by Attributes——选择parcel01mrg——Area≥150000——ok。打开parcel01mrg的属性表，选中三块地块即面积符合条件的只有三块（图3-27）；

逐一分析它们在选址分析过程中被排除的原因：

b. 查看属性表其中两块由于土地利用类型不是空地，所以在之前选址过程中被排除；

c. 查看第三块面积用地为空地的地块，分析为何最终分析结果将其排除。调整显示lowland、respark_flood、flood_zone、low_river、Junction_500buf、Junction_1000buf数据，第三块被排除的原因仅在于部分地

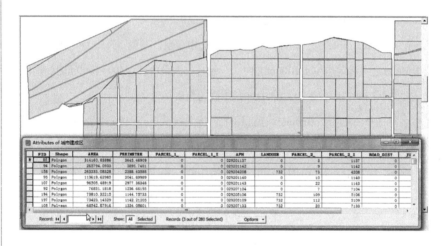

图3-27　面积符合条件的三地块

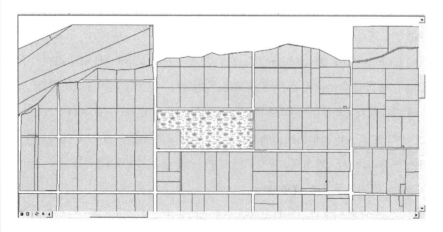

图3-28　输出Alernative site

块距河流距离超过1000m,不满足"距河流1000m范围之内"这一条件(图3-28);

该地块仅不符合距河流1000m范围之内这项条件,若市政府能稍微放松这一条件,该地块也是符合条件,且只需征用这一地块就能将湿地公园建成。为了供市政府参考决策,我们将该地块提取成Alternate site(备用地块)。

d. 单独选中第三块地块,将其输出为一单独图层,考虑在选址分析报告中将其作为备选地块单独列出,供决策者参考。数据窗口面板中对准parcel01mrg——右键——selection——create layer from selected Features(从选中的要素中创造图层)——数据窗口面板中单击,修改其名称为"Alternate site";

e. Save,保存场景文件。

(3)生成分析结果

① 确定分析结果图版的总体布局。

生成的分析结果中,最关键的是要将最适宜的选址地块提交决策部门,供其决策使用。然本案例选址结果较为特殊,最适宜的地块中不存在面积大于150000m²的单一地块。为了能全面地供决策者决策,我们还需将一块面积大于150000m²,但距河流距离部分超过1000m的备选地块Alternate site单独列出。

另外,为了能更清楚、更完整的表达选址分析结果,同时也需要列出城市概况City overview相关的背景规划图纸。同时需要在图纸中附注相关选址结果报表、选址条件、图例、比例尺等相关信息。最终考虑的图版总体布局如图3-29。

② 生成城市概况图、最佳选址图、后备选址图数据框。

ArcGIS中,可使用多个数据框(Data Frame),在同一版面中布局多种分析图。一个数据框生成一个分析图。

a. 菜单栏View——Layout View(布局视图),进入布局视图,准备布局版面。首先对版面尺寸大小进行调整。方法是Layout View视图下,对准图版,右键——Page and Print Setup——弹出对话框:Map Page Size下,不勾选Use Printer Paper Settings(用打印纸设置尺寸),定义Page尺寸为Width:

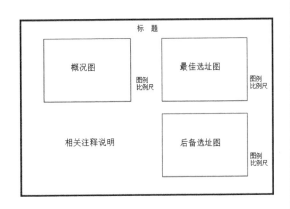

图3-29 版面布局示意草图

91.44Centimeters、Height：60.96 Centimeters，版面为Landscape（横向）——Ok；

b. 整当前数据框尺寸。方法是选中数据框——右键——properties——Size and Position——size设置为width：33.02cm；Height：25.4cm；

c. 将数据框移动到图版中的左上角，用它作为城市概况图数据框，生成城市概况图；

d. 拷贝数据框。数据窗口面板中，选中当前数据框 Layers ——右键或菜单栏Edit中copy命令，再点击Paste，即生成与原来数据框一样的新数据框，数据框内所包含的图层数据也同样复制成功。新生成数据框即是要定义的最佳选址图数据框，用之生成最佳选址图；

e. 命名城市概况图的数据框。方法是在数据窗口面板中，鼠标对准第一个数据框（即要生成城市概况图的数据框），右键——Activate，将其激活为当前数据框，（选中为当前时，数据框名称为加深黑体），单击即可改名，命名为"City Overview"；

f. 按同d方法为复制出的数据框命名，名称为"Best suitable site"（最佳选址图）；

g. 插入第三个新数据框。在Layout View（布局视图），菜单栏Insert中——Data Frame（数据框）。即可新建第三个新数据框，其中所包含图层数据为空。将之移动至右上角；

h. 调整数据框大小。方法是选中数据框——右键——properties——Size and Position——size设置为width：33.02cm；Height：25.4cm。之后同上方法命名该数据框为"Alternative site"，用于生成后备地块图。最后将之移动至右下角；

到这里，已将用于制作城市概况图、最佳选址图、后备选址图的数据框全部生成，并初步调整好排版位置，接下来逐个编辑每一数据框。

③ 编辑城市概况图数据框。

a. Layout View（布局视图）中，选中City overview数据框，使之为当前数据框；

b. 在City overview数据框中，仅保留river、street_arc、parcel01mrg几个图层，其余可右键remove或隐藏；

c. 添加elevation栅格数据。位置为project/City_layers/elevation_grid.lyr；

d. City overview数据框中主要显示城市的河流、主要街道、地块、城市海拔高度的背景数据；

e. 修改street_arc显示方式，仅显示主要街道。先打开street_arc的属性表（open attribute table），在Type列中道路类型用代码3、4、5表示。3和4表示主要街道；5表示次要街道。接下来将进行只显示主要街道的设置。操作方法是选中street_arc图层——右键——properties——Definition Query——Query Builder——对话框，输入表达式[TYPE]≤4——ok。该命令主要是显示图层中的某一重要特征，但又不需要新增加图层的快捷方法；

f. 修改street_arc的显示符号（symbology）。方法是在数据窗口面板中点击street_arc下的线段——出现symbol selector（显示符号选择）对话框——选择Major Road（主要道路）的显示方式；

g. 同f的方法将river河流图层数据的符号显示为symbol selector中已定义好的河流显示方式，即选择river；

　　同样，将parcel01mrg的显示方式选择为Grey，之后右键——properties——Display（显示）——其中Transparent为透明度的调整方法，将其调整为30%。

　　h. 菜单栏View——Data View（数据视图），图层均同时显示，放大至最佳视图，转到Layout View（布局视图）中，预览显示效果，调整至满意为止。

　　④ 编辑最佳选址图数据框。

　　a. Layout View（布局视图）中，选中准备生成最佳选址图的数据框Bestsuitable site，使之为当前数据框，并按如下顺序显示排列数据：junction point、parcel02sel、parcel01mrg；

　　接下来，将利用分类显示的方式，将对parcel02sel用渐变颜色分类显示各适宜等级的地块。

　　b. Data View数据视图中，数据窗口面板中选中parcel02sel，右键——properties（属性）——Symbology——左侧Categories（分类）下Unique values, many fields（多字段唯一值表示方式）——Value Fields第一、二栏中分别选择ROAD_DIST、JUNC_DIST——Add all field（添加所有分类的值），即添加四种分类表示方式——修改前面显示符合的表示颜色，可使用一种颜色的不同渐变色，更直观显示各分级地块；

　　c. 标记地块的APN（地号代码）。数据窗口面板中选中parcel02sel——右键——properties——Labels（标记）——对话框：勾选label features in this layer；Label Fields（标记字段）选择为APN；Text Symbol（文字显示）下可调整字体大小——OK；

　　d. 数据窗口面板中，选中parcel02sel——右键——Labels feature（标记要素）相应地块信息标记显示；

　　e. Data View数据视图中，调整视图显示至适宜比例，进Layout View查看视图效果，满意之后save保存场景文件。

　　⑤ 编辑后备选址图数据框。

　　学习者可通过理解③、④的操作方法，自行考虑并编辑Alternative site数据框。注意该图需要着重显示river河流1000m内缓冲范围、Alternative site备选地块所在位置、与最适宜地块相邻关系、地块面积大小，以便读图者能一目了然此备选地块的特殊之处。

　　以上完成了对相关地图的生成制作，接下来增加最适宜地块和选址条件的文字说明，更全面系统的说明选址分析结果。

　　⑥ 生成最适宜地块文本解释说明。

　　a. 通过产生report（报告）方式，进行解释说明。菜单栏Tools——Reports——Create report（生成报告）——出现对话框——Fields下，Layer/Table（确定生成报告的图层）：这里选址parcel02sel；Available Fields下的JUNC_DIST、APN、AREA三项字段导入Report Fields下，表示以这三个字段生成报告；它们是决策者最为关心数据，需要直观表示出来；

b. Grouping（分组）：双击JUNC_DIST，表示按距离污水中转站距离分组显示APN和AREA；

c. Sorting下：将Area选中——修改sort为Descending（降序排列）；

d. Display：选择默认；

e. Generate report生成报告的PDF，浏览后，点击Add to map（添加至地图中），放在图版中相应位置。

⑦ 生成选址条件文字说明。

a. 菜单栏Inserts——object——create from file（从文件创建）——找到Project下site criteria的word文档——导入ok；

b. 调整至图版中相应位置，Save保存场景文件。

⑧ 添加图版中其他要素。

a. 增加指示矩形以表明研究区域位置。方法是以city overview（城市概况图）数据框为当前数据框——选中city overview数据框——右键——Data frame properties——Extent Rectangle——将Bestsuitable site 数据框列为Show extent rectangle for these data frame——ok；

b. 分别为各图插入图例、并调整至相应位置。如以city overview为当前数据框，菜单栏Insert——Legend（图例）——弹出对话框Legend Wizard：Choose which layers you want to include in your legend（选择要包括在图例中的图层数据），Legend Items中加入river、street_arc、parcel01mrg、elevation，它们将以图例的方式标出，下一步，Legend Title：可设置图例标题的字体大小、位置等，此时默认，下一步；Legend Frame：设置图例框的框体边界、背景等，选择默认设置，下一步；Legend Items可调整所含图例图像的显示方式，仍选择默认设置，下一步；Spacing between：各图例间行间距的设置，选择默认，完成。即生成图例，选择后可移动或调整其尺寸大小。相同的方法，完成最佳选址图、后备选址图图例的制作，移动至图版中相应位置；

c. 插入比例尺，并调整至相应位置。菜单栏Insert——Scale Bar——Scale Bar Selector，选择喜欢的比例尺类型——ok。插入完成后，右键——properties——可设置相应表示属性：常用的修改，Scale and Units下，Units——Division Units 可设置单位，Label Position可设置标注在比例尺中的位置，Label——可输入相应单位简写，如kilometers可简为Km；Size and poistion，可设置比例尺Size（大小）与Poisition（位置）；

d. 增加图版标题。菜单栏Insert——Title（增加标题），命名为"城市湿地公园选址分析图"，并移动至相应位置；

e. 插入指北针。菜单栏Insert——North Arrow（指北针）——选择喜欢的指北针类型——ok，并移动至图版右上角。

⑨ 输出分析结果图版。

在最终输出图版之前，还需进一步美化设计整个图版。

　　a. 对齐数据框、图例、比例尺。同时选中两项以上需对齐的对象——右键——Align（对齐）——Align left（左对齐）、Align center（中心对齐）、Align right（右对齐）、Align Top（顶部对齐）、Align Vertical Center（垂直中心对齐）、Align bottom（底部对齐），根据需对齐方向，选择方式，整齐化布局；

　　b. 为标题加背景图框与颜色。调出Draw（绘图）工具条，点击□添加矩形New Rectangle，在布局视图中画出背景框大小，比标题稍宽大，右键——Properties——symbol——可选择设置颜色；

　　c. 重复上步方法，为整个图版添加背景颜色（图3-30）；

　　d. 整个图版设计完成后，可将分析结果以专图形式输出。菜单栏File——Export Map——弹出对话框（图3-31），可设置文件名、保存位置、保存类型、输出图纸dpi大小等——本例以Jpg格式输出图纸，名称为城市湿地公园选址分析图，点保存。

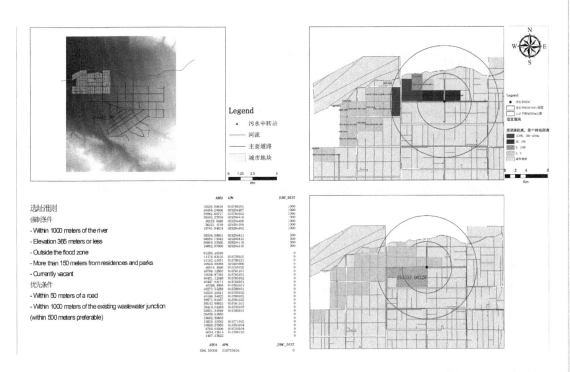

图3-30　城市湿地公园选址分析

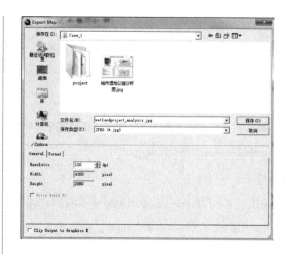

图3-31 输出地图

3.4 本章小结

因子交集技术是选址分析技术中最为常用的一种技术。因子交集法与数学中求取不同集合交集定义相通，因子交集法从本质上分析是根据选址要求或条件，通过求取交集，不断缩小选择的范围，确定符合所有要求与条件的目标对象。

本章介绍的城市湿地公园选址分析案例可作为ArcGIS初学者的入门级案例，在ArcGIS中的实现步骤主要是通过对矢量数据的缓冲区分析和包含分析而完成。

推荐阅读书目

1. Kennedy, M. ArcGIS地理信息系统基础与实训[M]. 第2版. 蒋波涛, 袁娅娅, 译. 北京: 清华大学出版社, 2011.
2. 刘小林, 温程杰, 张江水. 运用GIS进行空间选址分析[J]. 测绘与空间地理信息, 2010, 33(4): 19-22.

第4章 坡度分析技术

地球表面崎岖不平、变化无穷。既有高耸的山峰、低陷的凹地，也有连绵的山脊、幽深的山谷；既有起伏的丘陵、宽广的平原，也有微小的岩突和滑塌。即使是在城市建成区域范围内，城市表面也存在着各种高程的差异。因此，各种类型的规划都不可避免地需要涉及对规划场地地形地貌的分析。

4.1　坡度分析

坡度是地貌学中描述地貌形态特征的基本参数和重要参数，是各种规划首先需要考虑的因素。坡度一般是指坡面的铅直高度和水平宽度比值的反正切值，在实际中常常是不能直接实测得到的参数。传统坡度计算方法常常是选择几个典型坡向线（或地形剖面），分别量测该线上的每段坡度和坡长，并求出各段坡长占全部坡长的权重f_i，再用下式计算出典型坡面的平均坡度：

$$\bar{s} = \sum_{i=1}^{n} sf_i \qquad (4\text{-}1)$$

式中，$\bar{s}$ 为研究区平均坡度；s 为量测的坡度值；f_i 为该坡度分布面积占总研究区的比例数，即权重；n 为划分坡度的个数。

由此可以看出，传统方法存在着以下几个弊端：① 分析结果精确度低。典型坡向线的确定存在着很大的人为主观因素，即操作结果随操作人员素质、经验的不同而异，操作结果具有随机性和多样性，从而导致操作结果的精确度较低；② 工作效率低。细化测量单元面积、提高测量精度虽然可减小操作结果的误差，但同时也带来大量的计算工作，这项工作如果用人工的方法来完成，所需要消耗的工作时间非常多。

本章将介绍在GIS中如何通过建立数字高程模型对坡度进行分析。基于GIS数字高程模型进行的坡度分析的效率高、精度高，能大大减少人为主观因素的影响，为后期的规划提供一项准确可靠的场地本底资料。

4.2　数字高程模型建立的原理及应用

4.2.1　数字高程模型建立概述

数字地形模型（Digital Terrain Model DTM）是通过地表点集的空间坐标 (x, y, z) 及其属性数据表示地形表面特征的地学模型。在GIS中，DTM广泛地应用于各种线路、水利工程的选择、军事地形分析、土壤分析、城市规划选址等。构成DTM的基础是数字高程模型（DEM, Digital Eleration Model），DTM的其他元素如等值线图、立体透视图、坡度图、土方计算都可由DEM推出。

数字高程模型DEM是表示区域D上地形的三维向量有限序列：

$$\{V_i = (x_i, y_i, z_i), \ i = 1, 2, 3, \cdots, n\} \tag{4-2}$$

其中（x_i, $y_i \in D$）是平面坐标，z_i是（x_i, y_i）对应的高程。

当该序列中各向量的平面点位置呈规则网络排列时，则其平面坐标可省略。此时DEM就简化为一维向量列：

$$\{z_i, \ i = 1, 2, 3, \cdots, n\}$$

DEM表现形式多样化，主要包括规则矩形网格和不规则三角网等。在规则矩形网格中，三维信息是一个以矩阵的形式存储高程数据（或其他属性数据），而该高程点的平面坐标值（x, y）隐含在一个矩阵的行列值（i, j）中，可以通过下列公式计算并得到：

$$x_i = x_0 + idx \ (i=0, 1, 2, \cdots, nx\text{-}1) \tag{4-3}$$

$$y_i = y_0 + jdx \ (j=0, 1, 2, \cdots, ny\text{-}1) \tag{4-4}$$

其中x_0, y_0表示DEM的起点；dx, dy分别表示x, y方向的间隔；nx, ny表示DEM的行列数。一般来讲，这些基本信息应该包括在DEM文件头中。在这种情况下，除了基本信息外，DEM就变成一组规则存放的高程值，在计算机高级语言中，它是一个二维数组或数学上的一个二维矩阵。

不规则三角网TIN（Triangulated Irregular Network）是利用有限离散点，每三个最邻近点联结成三角形，每个三角形代表一个局部平面，再根据每个平面方程，可计算各网格点高程，生成DEM。规则矩形格网模型与三角网模型两种比较形式的比较见表4-1。

表4–1　矩形格网模型与三角网模型的比较

项目类别	规则矩形网格	三角网模型
数据叠置和数据分析	比较方便	比较困难
数据结构	简单	复杂
数据量	大（但可以压缩存储）	小
模型精度	能反映地形总体，忽略特征部位	能反映地形特点
立体图显示	算法简单	算法复杂
类似的数据结构	栅格数据结构	矢量数据结构

4.2.2　ArcGIS中数字高程模型的建立

在ArcGIS中，DEM的建立与应用主要由它的TIN模块和GRID模块完成。其基本原理是在生成一个表面模型的基础上，进行表面分析。TIN模块是一个表面建模软件包，用来建立、存储、分析表面信息。GRID模块是一个基于网格的地理信息系统，具有数据转换和清除、地理定位、数据采集管理、显示查询、数据插值、表面分析、地理分析等功能。

（1）表面模型的生成

一个表面实际上是由一组基于表面（surface-specific）的点和线所刻化的特征。Surface-specific的意思是，这些点和线的选择取决于表面的具体情况。组成表面模型的数据模型在ArcGIS中有两种：TIN模型和栅格模型，其中TIN模型使用不规则三角网模拟表面，精度高，但处理速度较慢；栅格模型使用规则间距取样点模拟表面，精度由栅格单位的大小决定，处理速度较快。TIN模块支持以上两种数据模型。

① TIN模型的建立。

TIN模型生成主要通过TIN模块实现。建立TIN表面模型的数据很多，主要有3种：

a. DEM（此处指网格数字高程模型），如美国地质调查局的7.5分，表示实地30m的格网；

b. 等值线图，如等深线、等高线图等；

c. x，y，z数据点，如用数字化方法采集的x，y，z数据点等。在TIN模块中，由等高线生成TIN模型比较简单，只需执行create tin命令即可实现。

如果需要从名为contilines的coverage（其中包含等值线和高程点）生成TIN模型，可以通过以下两步实现：

Arc: createtin mytin //mytin: 输出的TIN模型；

Createtin: cover contlines line spot // line 表征由线生成TIN，spot表征高程属性。

② 栅格模型的建立。

栅格模型在ArcGIS中分为Lattic模型和Grid模型。Lattic用Grid数据模型存储，Grid总是可以理解为一个Lattic表面。Grid和Lattic的区别为：

a. Grid中栅格大小等于Lattic中的点与点之间的距离；

b. Grid栅格（cell）的中心点是Lattic的mesh point（网格角点）；

c. Grid栅格代表整个栅格区域，而Lattic的mesh point之间的值必须内插才能获得；

d. Grid栅格具有面积，而Lattic中的mesh point没有面积；

e. Grid范围由栅格的边界定义，Lattic的范围由栅格的中心点定义。

栅格模型建立的方法较多，总的来说有插值法和转换法。插值法是指点数据通过某种函数生成表面（栅格模型）。在GRID模块中，具有4种插值函数：

a. Trend，趋势面插值函数；

b. IDW，距离加权插值函数；

c. Spline，样条插值函数；

d. Kriging，克里金插值函数。

转换法是指从其他数据格式（如DEM、ASCⅡ文件、图像文件、TIN）转换成栅格模型。

4.2.3 ArcGIS中数字高程模型在坡度分析中应用

在生成表面模型的基础之上，就可以进行表面分析，获得一个表面的信息。ArcGIS中的表面分析功能可通过图4-1进行概括。其中，坡度分析的工作原理如下。

ArcGIS中坡度工具用于为每个像元计算值，在从该像元到与其相邻的像元方向上的最大变化率。实际上，高程随着像元与其相邻的8个像元之间距离的变化而产生的最大变化率可用来标识自该像元开始的最陡坡降。从概念上讲，该工具会将一个平面与要处理的像元或中心像元周围一个3×3的像元邻域的z值进行拟合。该平面的坡度值通过最大平均值法来计算。该平面的朝向就是要处理的像元的坡向。坡度值越小，地形越平坦；坡度值越大，地形越陡。

如果邻域内某个像元位置的z值为NoData，则将中心像元的z值指定给该位置。在栅格的边缘上，至少有三个像元（在栅格范围外）的z值为NoData。中心像元的z值将被指定给这些像元。最后得出与这些边缘像元拟合的3×3平面的扁率，这通常会使坡度减小。

输出坡度栅格可使用两种计算单位：度和百分比（高程增量百分比）。如果将高程增量百分比视为高程增量除以水平增量后再乘以100，就可以更好地理解高程增量百分比。请考虑下面的三角形B。当角度为45°时，高程增量等于水平增量，所以高程增量百分比为100%。如三角形C所示，当坡度角接近直角（90°）时，高程增量百分比开始接近无穷大。

坡度取决于表面从中心像元开始在水平$\left(\dfrac{\partial Z}{\partial X}\right)$方向和垂直$\left(\dfrac{\partial Z}{\partial Y}\right)$方向上的变化率（增量）。用来计算坡度的基本算法是：

$$slope\_radians = ATAN\sqrt{\left(\frac{\partial Z}{\partial X}\right)^2 + \left(\frac{\partial Z}{\partial Y}\right)^2}$$

（4-5）

坡度通常使用度来测量，其算法如下：

$$slope\_degress = ATAN\sqrt{\left(\frac{\partial Z}{\partial X}\right)^2 + \left(\frac{\partial Z}{\partial Y}\right)^2} \times 57.29578$$

（4-6）

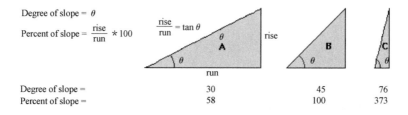

Degree of slope =	30	45	76
Percent of slope =	58	100	373

图4-1 ArcGIS中使用度和百分比来表示坡度

坡度算法也可以表示为：

$$slope\_degress = ATAN（rise\_run）\times 57.29578 \tag{4-7}$$

其中：

$$rise\_run = \sqrt{\left(\frac{\partial Z}{\partial X}\right)^2 + \left(\frac{\partial Z}{\partial Y}\right)^2} \tag{4-8}$$

中心像元及其相邻的八个像元的值确定水平增量和垂直增量。这些相邻的像元使用字母a至i来标识，其中e表示当前正在计算坡向的像元（图4-2）。

像元e在x方向上的变化率使用以下算法计算：

$$（\partial Z / \partial X）=((c+2f+i)-(a+2d+g))/（8*x\_cellsize） \tag{4-9}$$

像元e在y方向上的变化率使用以下算法计算：

$$（\partial Z / \partial Y）=((g+2h+i)-(a+2b+c))/（8*y\_cellsize） \tag{4-10}$$

下面举一具体例子，以进一步加深对坡度算法的了解。例如，图4-2将计算如下图4-3所示的移动窗口内中心像元的坡度值。

像元大小为5个单位。将使用度来计算坡度。中心像元e在x方向上的变化率为：$（\partial Z / \partial X）=((c+2f+i)-(a+2d+g)/(8*x\_cellsize))=((50+60+10)-(50+60+8))/(8*5)=(120-118)/40=0.05$像元$e$在$y$方向上的变化率为：

$（\partial Z / \partial Y）=((g+2h+i)-(a+2b+c))/(8*y\_cellsize)=((8+20+10)-(50+90+50))/(8*5)=(38-190)/40=-3.8$代入$x$方向和$y$方向上的变化率，计算中心像元$e$的坡度：

$$rise\_run = \sqrt{\left(\frac{\partial Z}{\partial X}\right)^2 + \left(\frac{\partial Z}{\partial Y}\right)^2} = \sqrt{(0.05)^2+(-3.8)^2} = \sqrt{0.0025+14.44} = 3.80032$$

$slope\_degress = ATAN（rise\_run）\times 57.29578 = ATAN（3.80032）\times 57.29578 = 1.31349 \times 57.29578 = 75.25762$像元$e$的整型坡度值为75°（图4-4）。

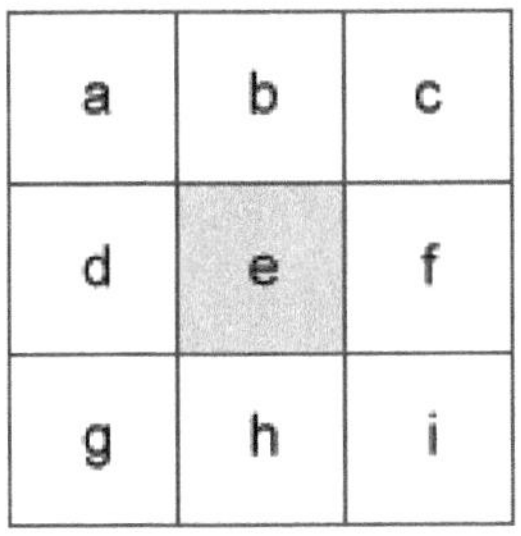

a	b	c
d	e	f
g	h	i

50	45	50
30	30	30
8	10	10

59	56	59
71	75	70
60	63	57

图4-2　表面分析窗口 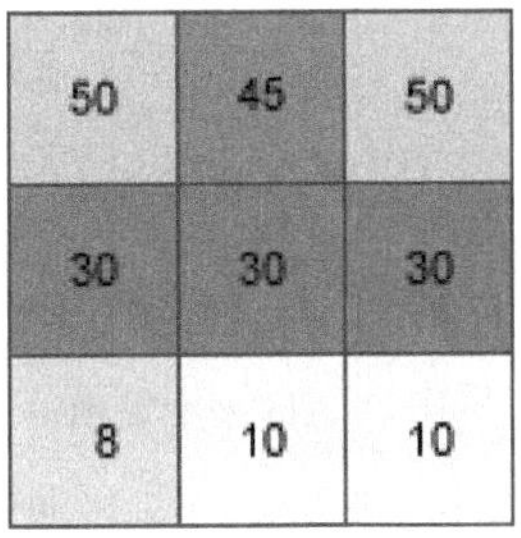　　　　图4-3　坡度输入 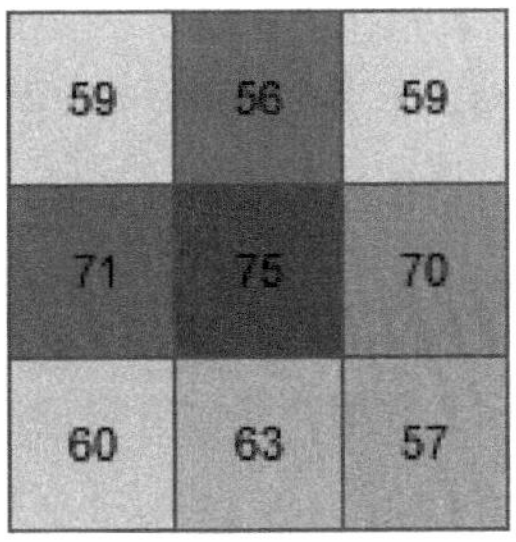　　　　图4-4　坡度输出

4.3 应用案例：山地公园坡度分析

4.3.1 项目背景

随着某县城旅游入境人数的急剧增加，为了能为入境游客提供更多的休闲旅游场所，该县旅游局决定在县城周边开发一座山地公园，打造新的旅游景点，满足未来更多旅游者休闲游憩的需要。对此，该县旅游局委托我方对该山地公园进行详细规划，为下一步的开发建设提供蓝图。

作为前期的图纸资料，该县只有该山地公园1∶10万的地形图。为了能满足公园详细规划的需要，相关单位对山地公园地形进行重新测量，在AutoCAD生成了地形图。该地形图比例尺为1∶2000，其中具有四处配准控制点（配准控制点的用途将在技术实现过程中详细介绍）。

4.3.2 分析思路

（1）识别规划目标

本项目的总目标是完成对山地公园的详细规划。而基于GIS，需要完成的目标是对整个山地公园的坡度进行分析，为之后规划提供场地坡度分析图。

坡度分析是整个公园详细规划的基础与关键，对其分析与分类的合理性和准确性将直接影响整个规划方案的形成。而基于GIS的坡度分析技术，具有高效、准确、说服力强的特点，能较好满足规划过程中场地评估的需要。

（2）明确所需数据

基于GIS的坡度分析，主要需要以下两类数据：相关部门提供的山地公园1∶2000等高线地形图dwg格式的数据和该山地公园在Google earth（谷歌地球）中的遥感影像图数据。后者的作用在于：在ArcGIS中可通过参照Google earth中四处控制配准点的经纬度信息，对场地地形图进行空间配准，指定场地的地理坐标信息。

（3）理清空间分析思路

第一步：由于获得的地形图数据为AutoCAD中dwg格式，在进行GIS数据准备过程中，主要工作将包括：对地形图数据进行地理坐标系统设定和空间配准、AutoCAD的dwg格式在ArcGIS中shapefile格式的转换、等高线空间矢量数据的修改编辑和赋值。

第二步：数据准备完成后，先通过等高线的空间矢量数据（shapefile格式）生成场地的数字高程模型，再以此为基础进行坡度分析。坡度分析中，最为关键的是坡度等级的划分，其划分的等级标准将直接决定坡度分析结果。本案例中，结合场地植被、土壤等情况，坡度主要划分为4个等级：平缓谷坡坡度≤15（一级阈值区）、缓坡山地坡度≤30（二级阈值区）、陡坡山地30<坡度≤75（三级阈值区）、峭壁悬崖75<坡度≤90（四级阈值区）。一级阈值值区土地肥沃，有良好的灌溉条件，能够容忍强度较大的开

垦和建筑修路等活动；二级阈值区也是土层较厚的宜农、宜林区，但缺乏灌溉条件，强度较大的开垦和建筑及修路等活动会造成局部的水土流失；三级阈值区土层较薄、坡度较陡，一旦植被破坏，必将带来大面积的水土流失，在生态上和视觉上带来较大的冲击；四级阈值区是生态上极脆弱、视觉上不具任何遮掩能力的峭壁、裸岩，这里轻度或局部的人为活动都可能带来强烈的或大面积的生态和视觉冲击。

第三步：最终获得的坡度分级图像（tif或jpg格式），以栅格背景图（光栅图像）的方式插入AutoCAD，为之后场地的景观规划提供依据。

4.3.3　技术实现过程

（1）数据准备

本案例所需要使用的数据见本书光盘Case_4/initial data文件夹内。其中所包含的"1_2000.dwg"数据是测绘部门提供的某山地公园1∶2000的地形图，1_2000.dwg中图层的命名多为相应中文名称拼音的首字母，如DGX表示等高线、GCD表示高程点。1_2000.dwg中包含了一项控制点图层，控制点共四处，场地东西南北方向各一个，主要用于在ArcMap中进行地理坐标系统的空间配准。

① 数据备份与整理。

a. 启动ArcCatalog，在非系统盘新建名为"Case_2"的文件夹；再在Case_2文件夹下分别新建名为"cad_data"和"analysis_data"文件夹。将光盘Case_4/initial data文件夹内山地公园"1_2000.dwg"源文件复制至cad_data文件夹；analysis_data文件夹用于存放坡度分析过程中输出生成的文件；

b. 打开AutoCAD，浏览cad_data文件夹内"1_2000.dwg"地形图包含信息（图4-5）。地形图中除了相应的等高线数据之外，还包含有周边建筑、道路、及山坡小道上等相关信息；

在ArcGIS中，只需提供等高线及其高程值信息即可进行坡度分析。因此，在AutoCAD中需对"1_2000.dwg"地形图进行一定精简，删除与等高线及等高线高程值无关的图层，这样同时也能提高dwg数据在ArcGIS中的运行速度与效率。

c. 在AutoCAD中，删除与等高线和等高线高程值及配准控制点无关的相关图层，如图框图层、建筑物图层、四周道路和山间小路图层等，并另存文件名为"1_2000editing"的dwg文件。仅保留等高线及相应高程值数据（图4-6）。注意此步必须删除无关图层，若在AutoCAD中采用的是隐藏无关图层，而不是删除，进入ArcGIS后，隐藏图层仍可显示，妨碍进行坡度分析；

※AutoCAD数据处理说明

如果希望在ArcGIS中读取出的dwg文件是简单明了而非杂乱无章的，那么就需要先在AutoCAD环境下进行简单的数据处理：

• 删除不需要的图形：只保留需要的图形，让文件精简一点，有的图层不需要，应该全部删除。

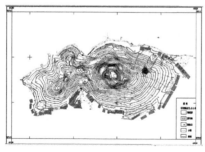 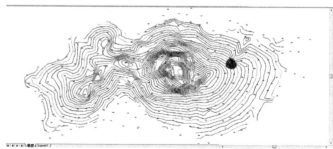

图4-5　AutoCAD中浏览地形图　　　图4-6　AutoCAD中删除多余信息后的地形图

· *编辑有明显错误的图形：实际上在ArcGIS9版本中读取CAD文件时，一些交叉的线段将不会显示，非PL线段即使是封闭的也无法构成面。所以应该先令一些明显没有闭合的PL线闭合，打断交叉的线段，并删除一些无用的线段。*

· *数据初步分层：将同一类型的数据保存到一个文件中，其中等高线为一个图层，高程点为一个图层，需要构成面状的地物和注记为一个图层，保证每读取一个CAD文件时不会有额外的难以辨别的信息。*

· *可兼容的AutoCAD文件版本：在ArcGIS 9.X版本中，若计算机安装的AutoCAD版本为2007以上版本，在保存dwg文件时，应选择2007版或之前的文件类型，否则在ArcGIS 9.X系列版本中打开AutoCAD图像容易丢失出错。*

· *ArcGIS 9.X系列版本中，将dwg格式的AutoCAD文件加入ArcMap经常无法正常显示或丢失属性数据的现象。为了避免这些问题请注意把AutoCAD存放目录和文件名全部改成英文，并且注意不能出现如："-""/"等特殊字符，否则经常无法显示或不能生成shapefile文件或者丢失属性数据。*

② 确定规划场地在Google earth位置。

这项工作是在Google earth中找到规划场地的位置，并确定四处控制点的经纬度坐标，为后面的空间配准提供参考。需要指出的是：Google earth所使用的地理坐标系统是World Geodetic System 1984（WGS 1984），因此从中所获得的经纬度信息是基于WGS 1984地理坐标系统下的经纬度。

a. 打开计算机上已安装好的Google earth，找到该规划场地的位置，并利用Google earth工具条中的 "地标" 工具，在Google earth中分别设置出四处控制配准点，并分别命名为罗旁山配准点1、2、3、4（图4-7）；

b. Google earth中分别逐一选中各配准点，右键——属性——弹出对话框中记录下经纬度信息（图4-8）。

最终记录的各配准点的经纬度坐标信息为：

罗旁山配准点1：24° 8' 51.76" N

107° 15' 1.42" E

图4-7　Google earth定义好配准点　　　　　　　图4-8　逐一记录配准点经纬度坐标

罗旁山配准点2：24° 8′ 53.07″ N

　　　　　　　　107° 14′ 53.08″ E

罗旁山配准点3：24° 8′ 56.95″ N

　　　　　　　　107° 15′ 2.97 ″ E

罗旁山配准点4：24° 8′ 54.48″ N

　　　　　　　　107° 15′ 18.19″ E

c. 获取到配准点的经纬度信息后，退出Google earth，准备进行之后的配准工作。

③ dwg格式数据空间配准及格式转换。

dwg数据导入ArcMap中后，先总体浏览等高线及高程值标注数据所处图层，并对dwg数据进行空间配准。之后进行格式转换，将dwg格式转换成shapefile格式。

a. 启动ArcMap，通过ArcCatalog，将修改后的1_2000editing.dwg数据（数据导入前先在CAD中清理不相关数据，仅保留等高线数据及其标注和配准点数据）加入ArcMap；

b. 在数据面板中查看导入CAD数据的内容。导入的CAD数据主要分成以下几层：Annotation为注记层、Point为高程点层、Polyline为等高线层、Polygon为多边形图层。可单独勾选显示各层，其等高线数据主要分布在1_2000editing.dwg polyline中；

接下来的工作是使用Georeferencing工具条为AutoCAD中名为"1_2000editing. dwg Polyline"等高线数据定义地理坐标系统，并结合Google earth中4处控制点的坐标，进行空间配准。

c. ArcMap中，View菜单栏——Data Frame Properties——Coordinate system——Predefined文件夹内，设置Geographic Coordinate Systems为World（世界坐标）中的WGS 1984（图4-9）；

d. ArcMap中Georeferencing 工具条：Georeferencing下拉菜单中不勾选Auto Adjust，表示添加控制点

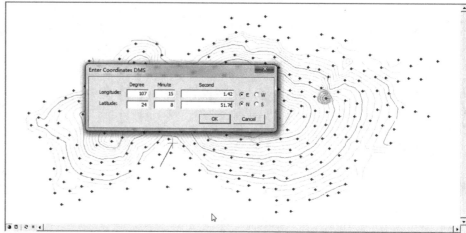

图4-9 设置空间坐标系统　　　　图4-10 定义控制点空间坐标系统

过程中不同步进行自动校准；Layer（配准图层）为1_2000editing.dwg polyline；Add control point 工具为1_2000editing.dwg Polyline添加控制配准点。先Add control point点击控制点1，后右键Input DMS of Lon and Latitude，输入控制点1在google earth中的地理坐标：Longitude（经度）输入相应的经度信息，Degree（度）为107、Minute（分）15、Second（秒）1.42，选择E，表示东经；Latitude（纬度）输入相应的纬度信息，Degree（度）为24、Minute（分）8、Second（秒）51.76，选择N，表示北纬；输入完成，OK（图4-10）；

　　e. 重复上述步骤，为配准控制点2、3、4输入相应的经纬度值：

　　罗旁山配准点2：24° 8' 53.07" N

　　　　　　　　107° 14' 53.08" E

　　罗旁山配准点3：24° 8' 56.95" N

　　　　　　　　107° 15' 2.97" E

　　罗旁山配准点4：24° 8' 54.48" N

　　　　　　　　107° 15' 18.19" E

　　实际操作过程中，至少应配准3个以上控制点，越多配准越精确，可通过工具条Georeferencing中的View Link Table（查看配准表）查看已定义好的配准点，如图4-11；

　　f. 配准点定义完成后，Georeferencing工具条——Georeferencing下拉菜单中——UpdateGeoreferencing（更新配准），配准后地图显示窗口右下角已显示配准后的空间经纬度信息（图4-12）；

　　至此，已完成对dwg格式文件的空间配准。配准完成后，将dwg格式转换成shapefile格式。shapefile格式的文件能把地理数据库中相同的两个主要要素连接起来：地理图像和属性数据库。本案例

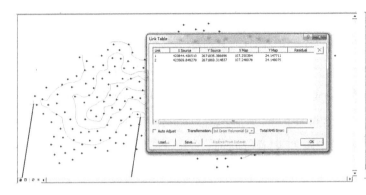
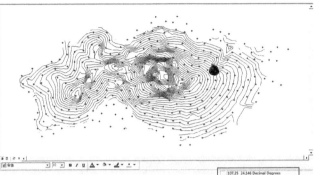

图4-11　可浏览查看配准表　　　图4-12　配准后地形图（注意此时右下角信息状态栏变化）

中，转换后的等高线shapefile文件能将其等高线图像和其属性数据库（即如每条等高线的高程值）连接起来，满足坡度分析的需要。

g. 通过ArcToolbox（工具箱）中Conversion Tools——To Shapefile——Feature Class To Shapefile——弹出对话框：Input Features（输入要素）选择需要转换的数据层，这里选择1_2000editing.dwg Polyline，即dwg格式中等高线所在层进行转换；Output Folder（输出要素存放位置）指定输出要素存放的位置，这里存放到Case_2/analysis folders内；点击OK（图4-13）。转换成功后该数据并未自动添加到ArcMap中；

h. 启动ArcCatalog，在ArcCatalog中为case_2/analysis data下转换好的shapefile格式的等高线数据"1_2000editing_dwg Polyline.shp"定义地理坐标系统。方法是左侧数据窗口面板中，选中该数据——右键——Properties——XY Coordinate System——选择的地理坐标系统为世界坐标系统WGS 1984；

定义完成后从case_2/analysis data文件夹内将转换好的"1_2000editing_dwg Polyline.shp"（该文件名为系统默认生成）数据加入ArcMap，加入后如图4-14。

i. 地理坐标系统定义之后可进行准确性验证。方法一，利用 measure测量工具测量地物尺寸，并与真实尺寸进行比较。如图4-15，随意测量图中两条等高线之间距离，测出距离约为5m。这与等高线间间

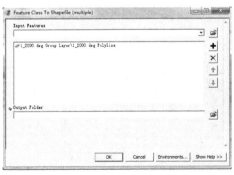
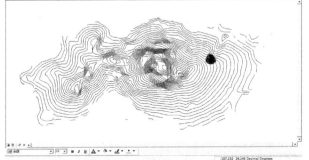

图4-13　Feature Class To Shapefile 对话框　　　图4-14　转换成功后的shapefile

隔距离基本相符，可判断地理坐标定义准确；

j. 方法二，可在layer view（布局视图）中为数据加入空间坐标网格，以验证地理坐标系统是否定义成功。菜单栏中View——Data Frame Properties——Grids——New Grid——弹出对话框：

• Grids and Graticules Wizard对话框，Graticule: divides map by meridians and parallels（绘制经纬线网格）、Measured Grid: divides map into a grid of map unit（绘制公里单元网格）、Reference Grid: divides map into a grid for indexing（绘制参考网格），本案例选择Graticule，绘制经纬线网格，点下一步按钮；

• 进入Create a graticule对话框，Appearance选项：Labels only（仅标注经纬信息）、Tick marks and labels（绘制经纬线十字并标注）、Graticule and labels（绘制经纬线格网并标注），本案例中选择Graticule and labels；Intervals选项：设置经纬线格网的间隔，本案例中选择默认；点击下一步按钮；

• Axes and labels对话框：Major division ticks（绘制主要格网标注线）和Minor division ticks（绘制次要格网标注线）；Labeling（标注）可设置坐标标注字体参数；这里均选择默认，点击下一步；

• Create a graticule对话框：这里Graticule Border（格网边界）和Neatline（轮廓线）均选择默认，Graticule properties（格网属性）选择Store as fixed grid that updates with changes to the data frame（经纬网格随着数据组的变化而更新），点击完成，添加经纬网成功，相应的经纬信息均在layer view（布局视图）的边缘显示（图4-16）。

④ 修改编辑shapefile格式的等高线。

ArcMap中查看上步转换成shapefile格式的"1_2000editing_dwg Polyline.shp"文件，发现其中既有很多数据缺失也有大量冗余数据。几何数据缺失主要包括：同一等高线间断不连续缺口多（图4-17）、属性表中等高线表示高程的字段height的信息数据为0、同一等高线分为多条线段。包含有大量冗余数据主要体现在：转换数据记录了原dwg数据中DGX（等高线）和GCD（高程点）两个层信息（查看属性表中layer字段，图4-18）、GCD数据是冗余的碎小线段数据（在dwg数据中表示高程点图层）、属性表中GCD数据的height字段具有高程值DGX数据也具有相应高程值。

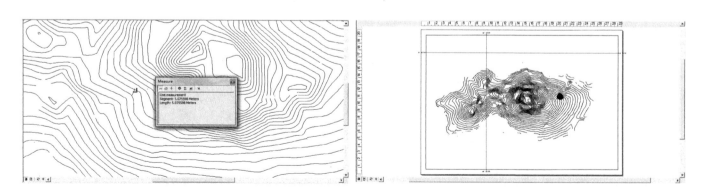

图4-15　通过实地测量检验配准及数据转换结果准确性　　　　图4-16　通过添加网格来检验配准和转换的准确性

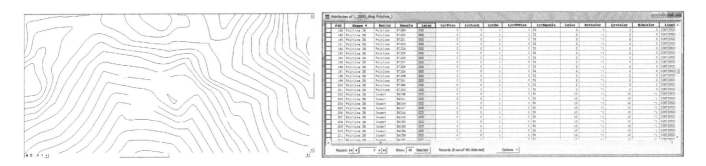

图4-17 地形数据存在的几何数据缺失　　　　　　　　　　　　　　　　图4-18 查看数据相应属性表

在接下来的工作中，一方面将修改编辑有缺失的等高线数据，目的是要形成连续完整的等高线并为其赋予相应的高程值。另一方面则需删除冗余数据，如导入的GCD高程点数据。

a. ArcMap中，显示转换后的"1_2000editing_dwg Polyline.shp"数据层；可通过Create New feature（创建新要素）补充缺口较大的等高线；

b. Editor工具条——Editor下拉菜单中Start Editing（开始编辑）——Task：Create New feature；Target：1_2000editing_dwg Polyline——Editor下拉菜单中Snapping（捕捉）工具，勾选捕捉对象为1_2000editing_dwg Polyline的Vertex（顶点），点击 ✐▼——选择缺口较大的等高线，捕捉相应顶点，补充其缺口的等高线，如图4-19——Editor下拉菜单Save Edits（保存编辑）；

c. 同样的方法，对缺口较大的等高线进行补充；

另外，可通过Extend\Trim feature（延伸/修剪要素）补充缺口较小的等高线。

d. Editor工具条——Editor下拉菜单中Start Editing（开始编辑）——Task：Extend\Trim feature；Target：1_2000editing_dwg Polyline——Editor下拉菜单中Snapping（捕捉）工具，勾选捕捉对象为1_2000editing_dwg Polyline的Vertex（顶点）——Tools工具条中 ▣Select Features（选择要素）选中需要延伸的等高线后，点击 ✐▼——捕捉到要延伸到的目标点，从上向下画一条线，则向该方向延伸，补充缺口的等高线（图4-20）；

e. 同样的方法对其他缺口小的等高线进行修改；

f. 反复灵活利用上述方法，将所有等高线的缺口补充完成；

所有等高线的缺口补充修改完成后，还需将表示同一等高线的多条线段合并，用一条连续完整的线段表示一条等高线。

g. Tools工具条中 ▣Select Features（选择要素）工具，同时按住ctrl+shift键（加选工具），将表示同一等高线的多条线段同时选中；

h. Editor工具条——Editor下拉菜单中——Merge（合并）工具，对同一等高线实行合并；

i. 相同的方法，Merge（合并）其他等高线，合并后每条等高线仅由一条连续完整的线段组成；

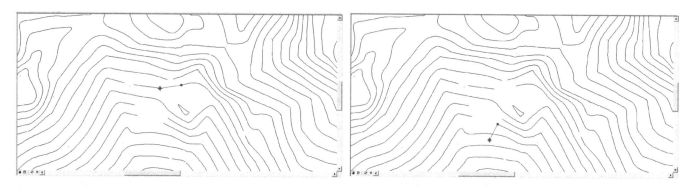

图4-19 修改编辑完善几何数据   图4-20 通过捕捉完善几何数据

※说明：*Editor工具条中Merge命令与ArcToolbox工具箱中Merge命令的区别：前者针对同一数据图层中的不同要素进行merge合并，后者针对不同数据图层间进行merge合并。*

接下来，还将删除其他冗余信息，仅保留等高线图形。

j. 打开转换后"1_2000editing_dwg Polyline.shp"数据的属性表（Open Attribute Table）——Options（选项）下拉菜单内——Select by Attributes（通过属性进行选择）——输入选择表达式："Layer" = 'GCD'——选中所有GCD要素，为地图中细小的线段碎片——用键盘的Delete（删除）健，将冗余信息全部删除，图中只保留等高线线段，结果如图4-21；

至此，等高线数据的前期准备工作完成，可进入之后的坡度分析。

（2）坡度分析

现在，已准备好的是等高线的线要素数据，在进行坡度分析前需形成面要素。这里，将通过生成TIN（Triangulated Irregular Network, 不规则三角网）表面来进行坡度分析。TIN是指由不规则空间取样点和断线要素获得的对表面的近似表示。

① 生成TIN。

接下来的工作将会对"1_2000editing_dwg Polyline.shp"等高线进行格式转换，由shapefile生产TIN，为地形的空间分析做准备。

a. 首先激活3D Analysis空间分析功能：菜单栏Tools——Extensions——勾选3D Analysis，也可将里面的所有工具条全部打钩，此工具类似调用ArcGIS中扩展工具的开关；

b. 在工具条空白处右键，弹出工具条菜单，然后勾选3D Analysis，出现3D Analysis工具条；

c. 单击出现的工具条的3D Analysis——Create/Modify TIN——Create TIN from features；

d. 弹出对话框：

• Layers：选择指定要创建TIN的数据图层，本案例中为1_2000editing_dwg Polyline.shp；

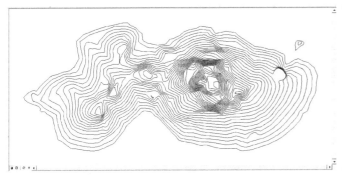
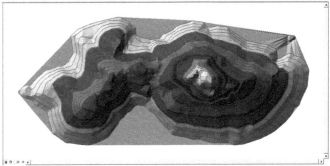

图4-21　编辑完善及删除冗余信息后的场地地形图　　　　　　图4-22　建立场地TIN

• Height source（选择高程字段）：这里需指定那个字段包含有数据层的高程属性信息，本案例中记录有高程字段信息的是height字段，选择height字段；

• Triangulate as（TIN的合成方式）有三种方式：Mass point（点集）、hard line（硬隔线）、soft line（软隔线），硬隔线在创建TIN时，硬隔线限制了插值计算，它使得计算只能在线的两侧各自进行，而落在隔线上的点同时参与线两侧的计算，软隔线添加在TIN表面，用以表示线性要素但并不改变表面形状的线，它不参与建TIN，本案例中选择hard line；

• Tag value field（选择标志值字段）：如果要以要素的值来标记TIN要素，可选择，本案例中选择默认；

• Output TIN（设置输出路径和名称）：这里选择Case_2/analysis data，名称为"tin"

• OK，可获得已建立的TIN，如图4-22；

e. 可通过查看TIN数据的属性进一步理解TIN数据定义。数据窗口内选中TIN数据图层—右键—Properties—Symbology—左下角Add（添加）—弹出Add Render（增加渲染）方式对话框，默认生成的是Face elevation with graduated color ramp（面高程用颜色梯度进行渲染），可选择Edges With the same symbol（所有边用同一符号进行渲染）——将其Add（添加）到显示列表中；

f. 将TIN局部放大查看，可进一步理解TIN数据的构成方式及显示方式。

获得TIN（不规则三角网）表面后，可完成坡度分析。

② 坡度分析。

a. 对TIN表面进行坡度分析。3D Analysis—Surface Analysis—Slope—弹出对话框（图4-23）

Input surface（输入表面）确定进行分析的表面，本案例为TIN；Output measurement（选择输出的单位）Degree（度）、Percent（百分数），本案例中选择Degree；Z factor（高程转换系数）输入数据所定义的空间参考具有高程单位时，自动进行转换技术，本案例中默认为1；Output cell size（输出的栅格大小）选择默认；Output raster（指定输出路径和文件名）本案例中输出到Case_2/analysis data内，文件名为"slope of tin"——ok，生成坡度分析结果；

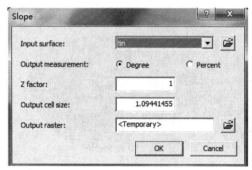

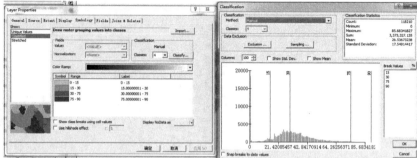

图4-23　坡度分析对话框　　　　　　　图4-24　修改坡度划分等级值

　　※可能出现问题说明：对于等高线原数据为AutoCAD数据，虽然在ArcGIS中进行了一定的准备处理，但用TIN进行坡度分析时，有时坡度分析结果会出现明显的错误，这往往是在AutoCAD中等高线的Z值未归零造成。若出现这种情况，在坡度分析时，可通过Z factor高程变化系数的调整来避免坡度分析错误。默认Z factor高程变化系数为1，可将高程变化系数逐步缩小，如系数先设为0.01，若还存在错误，再调整为0.001，直至坡度分析结果不存在明显错误。

　　生成出的坡度分析结果自动对坡度等级进行了划分。根据之前的规划要求，需要分成平缓谷坡坡度≤15（一级阈值区）、缓坡山地坡度≤30（二级阈值区）、陡坡山地30<坡度≤75（三级阈值区）、峭壁悬崖75<坡度≤90（四级阈值区）共四级，因此接下来需要按照之前的坡度分级标准，对坡度等级重新划分；

　　b. 数据窗口中选中生成的slope of tin——右键——Properties——symbology——classify——弹出对话框：选择Classified（分类）显示方式；Classification（分类）Classes（分级）修改为4级，点击旁边Classification按钮，进入分级对话框，在Break Values（分级值）栏下：分别手动输入15、30、75、90，修改坡度等级范围值（图4-24）；

　　c. 按照四级的分类方式：可得到最终的坡度分析结果，山地公园规划中，可以此栅格数据为基础，进行规划，结果如图4-25；

　　d. 点Save，以"slope for park"为文件名保存当前地图场景文件。

　　（3）生成分析结果

　　将生产的坡度分析结果输出，并导入AutoCAD，为下一步的规划提供参考。

　　a. 进入ArcMap中 layout view（布局视图），调整坡度分析的图层数据至全景最佳显示状态，同时将等高线数据图层显示，并在数据窗口面板中将其位置放置在slope of tin之前。等高线数据将作为在AutoCAD中，与地形图数据校准的参照线；

　　b. 同第2章输出分析结果中相似的方法，在layout view（布局视图）中调整页面和数据框的大小。以

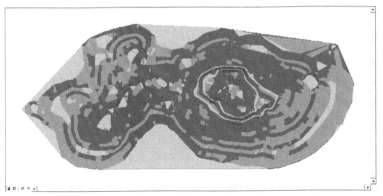
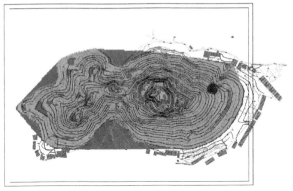

图4-25　四级分类坡度等级图　图4-26　AutoCAD中坡度分析结果与场地图叠加显示

A4的图版输出，数据框大小为：Width为29cm，Height为20cm；

　　c. File菜单栏——Export Export Map——弹出对话框，可设置输出图纸dpi大小、文件名、保存位置、保存类型等——将坡度分析的栅格分析结果以Jpg格式输出，保存在：Case_2/analysis data文件夹内；

　　d. 启动AutoCAD，打开山地公园"1_2000.dwg地形图"。插入菜单栏——光栅图像——找到上步输出的坡度栅格分析结果——确定插入点与缩放比例——确定，将分析结果的栅格图像插入到AutoCAD中；

　　e. AutoCAD中，通过不断移动和放大缩小栅格图像，以及调整绘图顺序工具条 ，参考坡度分析结果中的等高线，将栅格图像位置调整至与地形图相同，将栅格图像作为背景，这样能依据坡度分析结果，准确合理的对场地进行之后的规划（图4-26）。

4.4　本章小结

　　坡度因子是景观规划场地分析中需要着重分析的因子，也是进行复杂空间分析常须具备的单因子之一。本章介绍了通过建立一个TIN表面模型来完成坡度分析的方法。结合应用案例，在ArcGIS具体的实现过程中，展示了如何利用原有AutoCAD中等高线数据，导入ArcMap，结合Googleearth中遥感影像，进行地理坐标系统定义；接下来还详细介绍了通过等高线数据生成TIN表面模型，进行坡度分析后，如何将坡度分析结果输出，为之后的景观规划提供参考。

推荐阅读书目

1. 牛强. 城市规划GIS技术应用指南[M]. 北京: 中国建筑工业出版社, 2012.

2. 汤国安, 杨昕. ArcGIS地理信息系统空间分析实验教程[M]. 第2版. 北京: 科学出版社, 2012.

3. 杨勤科, 贾大韦, 李锐, 梁伟, 师维娟. 基于DEM的坡度研究——现状与展望[J]. 水土保持通报, 2007, 27(1): 146-150.

4. 朱洁刚. GoogleEarth影像的自动配准研究[D]. 杭州: 浙江大学, 2013.

5. 张瑞. GoogleEarth在道路及规划设计中的应用[D]. 武汉: 华中科技大学, 2007.

第5章 最佳园路分析技术

　　园路是各类场地景观规划与设计中最基本最普遍的要素。园路能为游览者穿越、欣赏、感受场地中丰富多变的景观提供线路通道。据城市公园的相关调查统计显示，有90%以上的公园游览者会使用公园的园路游览公园，且游览者均表示愿意沿园路多次循环的观赏公园景色，因为他们均认为沿园路欣赏公园景色是他们在公园最为享受的乐趣之一。因此，一项规划或设计方案中，园路的布局组织常常会成为整个方案规划或设计的重点。

5.1　景观规划中的最佳园路问题

　　事实上，寻找确定一条舒适的、具良好观赏视角的园路在规划或设计中却并不容易。这需要对整个场地的景观资源（自然和人文方面）、地形地貌、土地利用条件等因子进行全面、准确、透彻分析，并在此基础上确定园路的位置、走向、长度。这整个寻找确定的过程，也就是我们所说的最佳园路分析过程。

　　所谓"最佳"，其内涵是多样的。即可以是一项条件或因子最佳，也可以同时是几项条件或因子最佳。例如，对某山地公园的规划，根据规划目标的不同，最佳可以是某单一因子，如要求园路对游人行走安全系数最高，也即坡度因子最缓的路径为最佳园路；如要求专门设计最能锻炼体能的园路，则坡度最陡的路径为最佳园路。另一方面，最佳也可为多项因子的平衡，如同时要求园路即能保证行走安全，也要能有好的观赏视角，还要能保证园路的低建设成本，即最佳园路需要满足坡度缓、观赏视角多、建造成本低三项条件，能同时满足这三项条件的园路即为最佳园路。

　　在本章中，将结合应用实例，介绍寻找满足某单项因子最优的最佳园路。其实，对于能同时满足多项因子综合最优的最佳园路，其分析技术原理与单项因子的最佳园路分析的技术原理是一致的。不同之处是在确定成本因子前，需要确定多项因子间综合的算法，这部分内容将在以后有机会进行针对性的介绍。

5.2　GIS中成本距离分析的技术原理

5.2.1　广义的距离概念

　　在GIS的空间分析中，距离是一个非常广义的概念，它不仅是单一的表示欧氏直线距离（即两点之间的直线距离或出发源点与目的地之间的直线距离）。而是结合实际的空间分析过程，被赋予了更加广泛的使用范围和多元的内容。若用函数关系式表示，可表述为：

$$Y_d = f(x_s, x_d) \tag{5-1}$$

Y_d表示出发源点x_s和目的地x_d间的函数距离，如Y_d可以设定为x_s与x_d间的直线距离，也可定义为由出发源点至目的点间所需时间消耗、能量消耗等。在实际应用过程中，可针对具体的问题，设定或限定距离的实际内容。例如，位于山体南坡的登山救援队要到山体北面进行救援，有两条救援路径可供选择：一条是直接翻过山顶到达求救点；另一条是不翻山顶，绕路到达求救点。假设翻过山顶到达求救点的直线距离更短，但是绕路到达所花的时间更少，那么在确定救援路径时，为了能在最短时间内到达求救点，就可将Y_d的d设定为时间，即求解或寻找由x_s至x_d间所耗时间最佳（最短）的路径。

在GIS的空间分析工具中，针对类似前面登山救援队的案例，有一类专门的算法，用以求解空间分析中最佳或最短路径的工具，即成本距离（或成本加权距离Cost Distance）工具。成本距离工具通过将距离等同为成本因子来修改"欧氏"距离，该成本即为经过任何指定像元所需的成本。景观规划中的许多类似问题，都可借助此工具来进行解决。下面将着重介绍成本距离工具的具体算法。

5.2.2 成本距离的算法

成本距离的算法使用图论数学中结点/连接线像元制图表达的算法。在结点/连接线制图表达中，各像元的中心被视为结点，并且各结点通过多条连接线与其相邻结点连接。每条连接线都带有关联的阻抗。阻抗是根据与连接线各端点上的像元相关联的成本（从成本表面），和在像元中的移动方向确定的。

分配给各像元的成本表示在像元中移动每单位距离所需的成本。每个像元的最终值由像元大小乘以成本值求得。例如，如果成本栅格的一个像元大小为30，某特定像元的成本值为10，则该像元的最终成本是300单位。

（1）结点行程成本

相邻两结点间的行程成本取决于这两个结点的空间方向。像元的连接方式也会影响行程成本。

① 相邻结点成本。

从一个像元移动到四个与其直接连接的近邻之一时，跨越连接线移动到相邻结点的成本为用1乘以像元1与像元2的和，然后再除以2，即

$$a1 = \frac{(cost1+cost2)}{2} \tag{5-1}$$

式中，cost1为像元1的成本；cost2为像元2的成本；a1为从像元1到像元2连接线的总成本（图5-1）。

② 累积垂直成本。

累积成本由以下公式确定：

$$accum\_cost = a1 + \frac{(cost2+cost3)}{2} \tag{5-2}$$

式中，cost2为像元2的成本；cost3为像元3的成本；a2为从像元2移动到3的成本；$accum\_cost$为从像元1移动到像元3的累积成本（图5-2）。

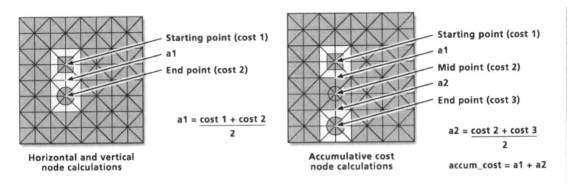

图5-1　水平或垂直相邻像元成本计算　　　　　图5-2　累计像元成本计算

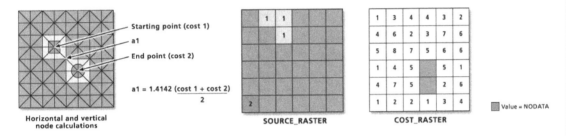

图5-3　对角线相邻像元成本计算　　　　图5-4　输入源（source）和成本栅格（cost）

③ 对角结点成本。

如果沿对角线移动，则连接线上的行程成本为1.414214（或2的平方根）乘以像元1的成本加上像元2的成本，再除以2：

$$a1 = 1.414214 \frac{(cost1+cost2)}{2} \qquad (5\text{-}3)$$

对角线像元的成本计算（图5-3）。

确定对角线移动的累积成本时，必须使用以下公式：

$$accum\_cost = a1 + 1.414214 \frac{(cost2+cost3)}{2} \qquad (5\text{-}4)$$

（2）累积成本像元列表

使用图论创建累积成本距离栅格可被视作尝试识别最低成本像元，并将其添加到输出列表。这是起始于源像元的迭代过程。每个像元的目标是快速分配到输出成本距离栅格中（图5-4）。

在初次迭代中，识别出源像元并分配0值，因为它们返回自身不消耗累积成本。接下来，启用全部源像元的近邻，使用上述累积成本公式将成本分配到源像元结点与邻近像元结点之间的连接线。各邻域像元都可以达到某个源；因此，可以选择它们或将它们分配给输出累积成本栅格。要分配到输出栅格，像

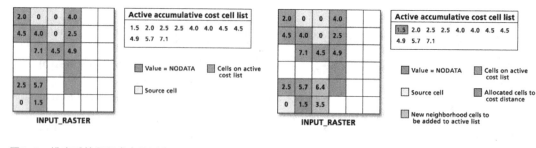

图5-5　排序后的累积成本值列表　　　　　　图5-6　处理累积成本值列表

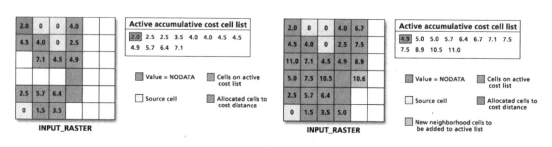

图5-7　处理累积成本值列表　　　　　　图5-8　继续处理累积成本值列表

元必须具有到达某个源的最低成本路径。累积成本值按由最低累积成本到最高累积成本的顺序排列于列表中（图5-5）。

从活动累积成本像元列表中选择最低成本像元，然后将该像元位置的值分配给输出成本距离栅格。活动像元的列表会变大，以包括所选像元的近邻，因为此时这些像元已具有到达某个源的方式。列表中只有可能到达某个源的像元是活动的。使用累积成本公式计算移动到这些像元的成本（图5-6）。

再次选择列表中具有最低成本的活动像元，扩大邻域，计算新的成本，并将新的成本像元添加到活动列表。

不必连接源像元。所有未连接的源对活动列表的影响相同。无论要分配到的源为何，仅选择和扩充具有最低累积成本的像元（图5-7）。

此分配过程继续执行。而且，如果通过将新像元位置添加到输出栅格创建新的成本较低的路径，则将更新活动列表上的像元（图5-8）。

当活动列表上出现新的像元路径时会进行此更新，因为更多的像元被分配到输出栅格。当活动累积成本列表上具有最低值的像元被分配到输出栅格时，计算所有累积成本。也会计算新分配的输出像元的相邻像元的成本，即使相邻像元位于其他像元的活动列表上。如果活动列表上的位置的新累积成本大于这些像元当前的累积成本，则忽略该值。如果活动列表上的位置新累积成本小于这些像元当前的累积成本，则使用新值替换掉活动列表上该位置的原有累积成本。此时已具有到达某个源的更廉价和更理想路径的像元在活动选择列表中上移。

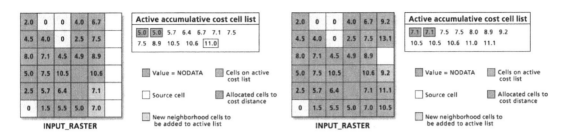

图5-9　处理累积成本值列表　　　　　　图5-10　处理累积成本值列表

在以下示例中，将第3行、第1列（用框高亮显示）的像元位置放在活动列表上时，它达到栅格顶部的源的累积成本为11.0。然而，因为较低的源扩展到此位置，该像元获得了到达其他源的更廉价的累积成本路径。由于存在这一较低的累积成本，因此应早些在活动列表上更新该位置的值，并分配到输出（图5-9）。

如果在输入源栅格上存在多个区域或多组互不相连的源像元，则增长过程继续，并且无论来自哪个源，都将从活动列表中分配最低成本像元（图5-10）。

当增长面相遇时，返回源的最低成本路径的确定过程会继续，直到所有具备条件的像元获得成本值为止（图5-11）。

可能出现这种情况：当增长模式的锋面相遇时，一个增长模式的像元将能够以更低成本到达其他组或增长模式中的某个源像元；如果的确如此，它们将被重新分配到新的源。这种行为先前以第3行、第1列的像元进行过表示，下面则以第3行、第6列处的像元再次说明（图5-12）。

选择活动列表中的所有像元时，其结果是累积成本或加权距离栅格。应用的流程可确保各像元具有最低累积成本。为所有像元执行此过程，直到遇到栅格的边、窗口的边界或达到最大距离为止（图5-13）。

不允许穿越包含NoData值的像元。一组 NoData像元的后侧像元的最低累积成本由绕过这些位置所需的成本确定。如果输入成本栅格上的某像元位置分配了NoData，则NoData将被分配到成本距离输出栅格上对应的像元位置。

（3）成本回溯链接方向

成本距离的算法可以基于累积行程成本来标识最近的（或成本最小的）源像元，记录输出累计成本值，但却没有记录标记成本最小的路径方向信息。成本最小的路径信息通过回溯链接，进行路径方向的记录。成本回溯链接方向将提供一个道路地图，用于标识从任何像元开始，沿着最小成本路径，返回到最近源的路径。

前述的成本距离算法的输出记录了从各个像元到达最近源所需的累积成本。例如，下图5-14中标识为

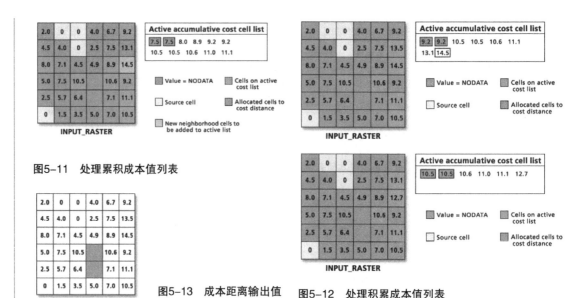

图5-11　处理累积成本值列表

图5-13　成本距离输出值　　图5-12　处理积累成本值列表

值1和2的源位置：从源像元1（暗橙色）到达目的地（学校图标）的累积最小成本路线为10.5（图5-15）。

• 回溯链接方向。

输出成本距离栅格为各像元标识返回最近源位置所需的累积成本时，并不会显示要返回哪一源像元及如何返回。成本回溯链接工具可返回方向栅格作为输出，提供标识从任意像元沿最小成本路径返回最近源的基本道路地图。

用于计算回溯链接栅格的算法会为每个像元分配一个代码。该代码为一系列介于0到8之间的整数。值0用于表示源位置，因为从本质上讲，它们已经达到了目的地（即源本身，图5-16）。值1到值8按顺时针方向从右侧开始依次对方向进行编码。以下是方向输出中所使用的默认符号，以及结合了方向箭头和颜色符号的箭头图（图5-17）：

例如，输出像元赋予值5作为通往源的最小成本路径的一部分，则路径应向左侧的相邻像元移动。如果该像元的值7，则说明路径应向正北方移动，依此类推。

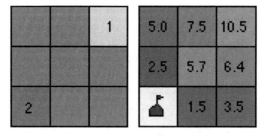

图5-14　输入源位置　　5-15　成本距离算法计算出每个像元的值

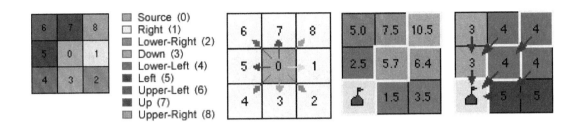

图5-16　方向编码　　　　　图5-17　方向　　　图5-18　成本加权距离　图5-19　成本回溯链
接输出

在上部分的示例中，从值为10.5的像元前往源（校址）的最小成本路径为沿对角线移动，通过值为5.7的像元（图5-18）。回溯链接栅格显示了从各像元前往最近的源时的行进方向（图5-19）。

方向算法会为值为10.5的像元赋予值4，而为值为5.7的像元也赋予值4，因为（根据上述方向编码）这便是从各像元返回源时的最小成本路径方向。

对输出回溯链接栅格中的所有像元执行这一过程，以便生成一个输出，指明从成本距离栅格中的每个像元返回源时的行进方向。输出的成本加权距离和成本加权方向的示例如图5-20、图5-21。在进行实际案例的空间分析时，要计算源位置和目的地位置间的最小成本（最短）路径，将需要使用成本距离和成本回溯链接栅格。前者提供最小成本加权距离值，后者提供成本加权方向，以确定最小成本（最短或最佳）路径。

5.3　应用案例：山地公园主园路系统规划

5.3.1　案例背景

继续以第2章某山地公园详细规划为例。在完成场地的坡度分析之后，下一步是要规划出公园的主园

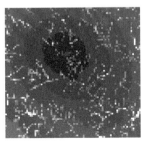

图5-20　成本加权距离示例　图5-21　成本加权方向示例

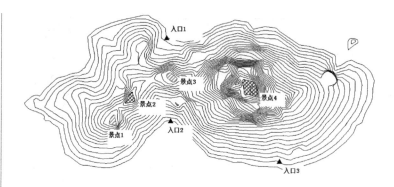

图5-22　拟定的公园入口和主要景点位置示意

路系统。结合对场地的实地考察，为公园拟定了三个入口和四处重要的自然景点（位置如图5-22所示）。现在需依据坡度大小，规划坡度最缓、能串联入口与重要景点的主园路。坡度成本最低的道路即为最佳道路。主园路分布在缓坡区，能避开并保护生态环境较敏感脆弱的陡坡区。

5.3.2　分析思路

（1）识别规划目标

确定山地公园内能串联入口与四处重要景点、坡度成本最低（即坡度最缓）的主园路。

（2）明确所需数据

坡度是影响本山地公园主园路规划的关键因素。因此，最佳路径分析过程中，公园的坡度数据是确定最佳道路的成本数据。根据第2章案例分析，公园场地的海拔高程信息已包含在山地公园的数字高程模型中，同时也已获得山地公园的坡度分析图。另一方面，最佳路径分析过程中，需要对入口、重要景点进行分类，确定起始点和源（即路径分析过程中的目标或目的地），并确定到达源的成本加权距离和成本加权方向。本案例分析过程所需要数据见表5-1。

表5-1　案例所需数据及来源方式

需要数据	数据格式	数据来源
起始点（startpoint）	点或面要素数据	根据案例确定，本案中既有点要素也有面要素
源（source）	点或面要素数据	根据案例确定，本案中确定为面要素
成本数据（cost raster）	山地公园坡度分析数据	之前分析过程产生，以坡度为寻找路径的成本
成本距离（cost distance）	栅格数据	源与成本数据进行成本加权分析产生
成本方向（cost direction）	栅格数据	源与成本数据进行成本加权分析产生

（3）理清空间分析思路

① 初拟主园路草图。

在开始GIS最短路径分析之前，为了划分起始点与源，需要初步地勾勒出公园主园路网络草图。依据《公园设计规范》（CJJ48—1992），考虑到主园路应具有引导游览、易于识别方向的作用，初步拟定了串联山地公园三处入口与四处重要景点的主园路系统，草图如图5-23所示。

② 确定源与起始点。

为了能分析构建出如草图5-23的主园路网络，需要分批确定不同的源和起始点，执行多次寻找最佳路径的分析，才能识别出网络分布如草图所示的主园路系统。为此，划分出三组源与四组起始点。第一组以景点3为源1（面要素数据），入口1、入口2分别为起始点1.1（点要素数据），景点2、4分别为起始点1.2（面要素数据），如图5-24（a）；第二组以景点2为源2（面要素数据），景点1为起始点2（面要素数据），如图5-24（b）；第三组以景点4为源3（面要素数据），入口3为起始点3（点要素数据），如图5-24（c）。

③ 生成成本距离和成本方向的栅格数据。

逐一以确定的源1、源2、源3为目的地，进行成本加权分析，生成成本距离和成本方向栅格数据。成本距离栅格数据记录了每个单元栅格到达源的最小累计成本，成本方向栅格数据记录了从每个单元栅格出发，沿最低累计成本到达源的路线方向。

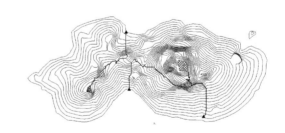

图5-23　公园主园路系统草图

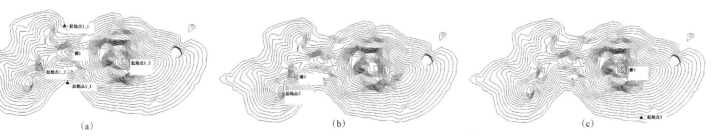

（a）起始点1.1,1.2与源1；（b）起始点2与源2；（c）起始点3与源3

图5-24　确定源与起始点

④ 寻找最佳路径分析。

分别对源1与起始点1.1、源1和起始点1.2、源2与起始点2、源3与起始点3四组数据执行最短路径分析，可得到各起始点到源的坡度成本最低即坡度最缓的道路，构成公园主园路系统。最佳主园路计算生成后，可将之与坡度分析图同时叠加显示，目视验证最佳路径计算的准确性。

5.3.3 技术实现过程

（1）数据准备

本案例所需数据是建立在上一章坡度分析的基础之上。以上一章坡度分析结果"slope of tin"为成本因子进行主园路的分析。光盘中Case_three/soure_startpoint为山地公园散三处入口和四处主要景点的位置图，这些源点和起始点数据为备选数据，供读者自由选择。有兴趣的读者完全可自己建立这些源点和起始点，具体创建方法之后会有相关介绍。

① 数据备份。

a. 启动ArcCatalog，在非系统盘下，选中新建文件夹目标在目录文件夹——右键——New——Folder——新建文件夹，名为"Case_3"；

b. 同样的方法，在"Case_3"文件夹内继续新建两个名为"initial_data"和"analysis_data"的文件夹，分别用于存放原始数据和最短路径分析过程中产生数据；

c. 将上一章生成的山地公园的坡度分析的栅格数据复制到initail_data文件夹内。打开Case_2/analysis_data文件夹，找到生成的坡度栅格数据，选中——右键——Copy，将其复制到Case_3/initial_data内。

参照表5-1中最佳路径分析所需数据，公园场地的坡度栅格数据之前分析过程中已生成，可直接使用。目前所缺少的是：源和起始点数据，以及成本加权距离和成本加权方向数据。接下来将首先在ArcCatalog中生成源数据和起始点数据，之后在ArcMap中指定它们的空间位置。最后将在最短路径分析过程中产生成本距离和成本方向的栅格数据。

② ArcCatalog中创建源与起始点的shapefile文件。

a. 选中initial_data——右键——New——shapefile——弹出如图5-25对话框——Name（名称）命名为"startpoint1_1"，Feature Type（要素类型）为：选择Point（点数据）——并为其定义空间坐标系统，点击Edit——弹出坐标系统对话框（图5-26），点select（选择坐标系统）——选择Geographic Coordinate Systems（地理坐标系统），图5-27——World（世界坐标系统）内的世界坐标系统1984，WGS 1984。该坐标系统与之前山地公园中使用地理坐标系统一致；

b. 同a的方法，在initial_data文件夹内再分别新建名称为startpoint1_2（polygon面要素）、source_1（polygon面要素）、startpoint2（polygon面要素）、source_2（polygon面要素）、startpoint3（point点要素）、source_3（polygon面要素）的新shapefile格式的数据层。

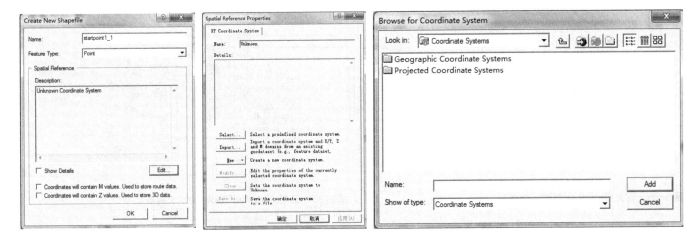

图5-25　Create New shapefile对　　图5-26　定义空间坐标系统　　图5-27　Geographic Coordinate Systems下world中选择
话框　　　　　　　　　　　　　　　　　　　　　　　　　　　　　　　WGS1984坐标系统

③ ArcMap中定义源与起始点的空间位置。

a. 启动ArcMap，打开之前保存的场景文件"slope for park"。之后分别将上步新建的startpoint1_1（起始点1_1）、startpoint1_2（起始点1_2）、source_1（源1）数据层加入ArcMap，根据它们所在的空间位置，增加要素；

先定义startpoint1_1（起始点1_1）的空间位置。

b. 勾选调出Editor工具条——Editor下拉菜单——Start Editing——选择startpoint1_1所在case_3/initial data文件夹——start editing；

c. 在Editor工具条上，注意将Target（目标图层）指定为startpoint1_1——Task: Create New Feature（创建新要素）——点 ✎▾，开始定义startpoint1_1（起始点1_1）的位置，位置参考如图5-24（a）所示，即入口1、入口2。定义完成后Editor工具条——Editor下拉菜单——save editing（保存编辑）所做定义编辑——stop editing（停止编辑）——停止对startpoint1_1数据层的编辑；

再参考图5-24（a），定义startpoint1_2（起始点1_2）的位置，即景点2、景点4的位置，注意数据类型为面要素。

d. Editor工具条——Editor下拉菜单——Start Editing——选择startpoint1_2所在case_3/initial data文件夹——start editing。为了保证定义的面要素与公园地形等高线重合，定义前Editor下拉菜单中开启snapping（捕捉），勾选1_2000_dwg_polyline的vertex（顶点捕捉）。注意将Target（目标图层）指定为startpoint1_2——Task: Create New Feature（创建新要素）——点 ✎▾，开始定义startpoint1_2（起始点1_2）的位置，位置如图5-24（a）所示，沿等高线捕捉顶点进行定义。定义完成后保存并停止对startpoint1_2编辑；

e. 重复上述中步骤，定义source1（源1），即景点3的位置，所有定义完成后如图5-28。

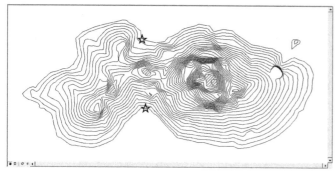

图5-28　定义好startpoint1和source1

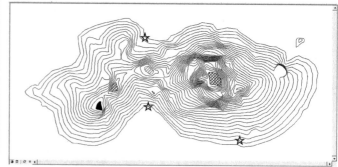

图5-29　三组startpoint和source定义完成

接下来，将定义startpoint2（起始点2）、source2（源2）、startpoint3（起始点3）、source3（源3）的空间位置。注意虽然source2、source3与之前定义的startpoint1_2位置相同，但仍需再次定义source2、source3。

f. 同上述的方法相似，参考图5-24（b）和图5-24（c），分别定义好startpoint2（起始点2）、source2（源2）、startpoint3（起始点3）、source3（源3）相应的空间位置，为路径分析做好准备。需要注意，为了保证source2、source3与之前定义的startpoint1_2位置、范围大小相同，也需开启snapping（捕捉）功能，捕捉startpoint1_2的vertex（顶点），方法同前。所有的起始点和源定义完成后，如图5-29。

g. 点save，以"major road"为文件名，保存该地图场景文件。

至此，我们已经具有了相应的起始点数据、源数据，加上之前已分析生成的公园坡度栅格数据slope of tin，现在还欠缺成本加权距离和成本加权方向。这两项数据将在最佳路径分析过程中产生。

（2）最佳路径分析

① 设置空间分析的环境。

a. 启动ArcMap，勾选调出Spatial analysis空间分析工具条。菜单栏Tools——Extensions——勾选spatial analysis——激活spatial analysis工具（图5-30）；

b. 进行最佳路径分析之前，需要对分析环境进行设定。工具条Spatial analysis——Spatial Analysis下拉菜单Options——弹出对话框，有General、Extent、Cell Size三种选项卡；

在General选项卡中可对working（工作）环境进行设置：

• Working（工作路径）：中可选择spatial analysis临时输出文件的存放路径，默认为系统盘Temp中。本例中选择默认可将working工作路径设为case_3/analysis_data文件夹内，保存spatial analysis过程中生成的临时文件；

• Analysis mask（分析掩码）：仅在所选择的单元集或局部区域进行分析，标识分析过程中需要考虑到的分析单元即分析范围。本例中要是针对整个山地公园范围进行分析，不是局部分析，因此不设置mask（掩码）；

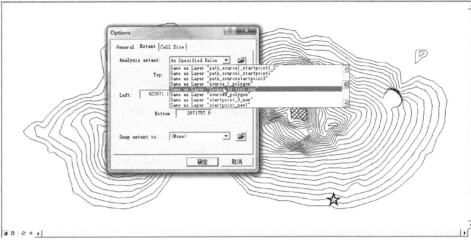

图5-30 激活调出spatial analysis
工具

图5-31 设置分析环境

• Analysis Coordinate System（分析结果的坐标系统）：Analysis output will be saved in the same coordinate system as the input（or first raster input if there are multiple）（分析结果的坐标系统与输入数据的坐标系统相同或将取用第一个具有坐标系统的栅格数据集的坐标系统）；Analysis output will be saved in the same coordinate system as the active data（分析结果坐标系统取用当前活动数据集的坐标系统）。本案例中，选择默认的第一种方式。

在Extent选项卡中对分析Extent（区域）进行设置：

• Analysis extent（分析范围）：Same as Display（在地图可视区域上进行分析）、Intersection of Inputs（输入栅格的交集上进行分析）、Union of Inputs（在输入栅格的并集上进行分析）、As Specified Below（按以下已有的栅格数据层定义分析范围）。本案例中是以slope of tin（坡度）栅格数据为成本，因此选择Same as Layer "slope of tin"（与slope of tin栅格数据的范围一致）；

• Snap extent to（设置栅格数据捕捉范围）：本案例中选择默认（图5-31）；

在Cell Size选项卡中设置cell（栅格）大小：

• Analysis cell（分析结果的栅格大小），Maximum of Inputs（输入栅格数据中的最大栅格）、Minimum of Inputs（输入栅格数据中的最小栅格）、As Specified Below（按以下已有的栅格数据层定义栅格大小）：本案例中，我们选择与坡度栅格数据一致的栅格大小，Same as Layer "slope of tin"。

② 寻找source1（源1）与startpoint1_1（起始点1_1）间的最佳路径。

在进行最佳路径分析前，我们还需要获得source1（源1）的cost distance raster（成本距离）和cost direction raster（成本方向）的栅格数据。

a. 在数据窗口面板中调出并显示source1（源1）与startpoint1_1（起始点1_1）数据，准备进行分析；

b. 这一步可生成基于source1的cost distance raster（成本距离）和cost direction raster（成本方向）数据。Spatial analysis（空间分析）工具条——Distance——Cost weighted——对话框弹出（图5-32）：

• Distance to：这里指定源，也即指定目的地或目标，本案例中选择之前创建的source1图层数据；

• Cost raster：是指定成本栅格数据。本案例中是以坡度因子为最佳路径分析的成本因子，这里选择之前已分析出的坡度栅格数据"slope of tin"；

• Create direction（成本距离）、Create allocation（成本分配）：确定是否生成成本距离和成本分配数据。若分别勾选create direction和create allocation，表示确定生成这两项数据，并可指定文件输出位置，若保持Temporary状态则默认生成的文件存放与临时文件夹内。本案例在前面工作环境的设置时，已指定case_3/analysis_data为默认临时文件夹，Temporary状态下输出的数据会存放与此文件夹内，这里选择Temporary，不需要重新指定；

• Output raster（输出栅格数据）：指定输出数据的存放位置。这里同样选择Temporary。

• 点OK后，即可生成cost distance to source1和 cost direction to source1，即成本距离和成本方向栅格数据，它们分别记录了栅格数据中所有栅格至source1的成本距离和成本方向信息。它们将在执行最佳路径分析时使用。结果如图5-33；

c. Spatial analysis工具条——Distance——shortest path（最短路径分析）——对话框弹出（图5-34）：

• Path to（路径至）：指定路径的起始点，本案例中选择startpoint1_1；

• cost distance raster（成本距离栅格）：输入相应源的成本距离栅格数据。本案例中选择上步生成cost distance to source1，即输入记录有分析范围内所有栅格至source1（源1）的成本距离栅格数据；

• cost direction raster（成本方向栅格）：输入相应源的成本方向栅格数据。本案例中选择上步生成cost direction to source1，即输入记录有分析范围内所有栅格至source1（源1）的成本方向栅格数据；

• Path type（路径类型）：有三种方式：即For Each Cell（寻找每个区域中每个栅格单元的最短路

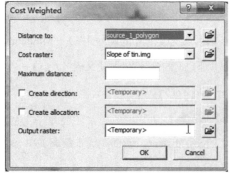

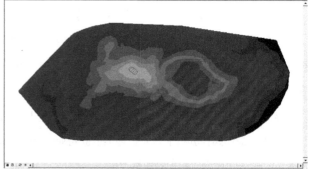

图5-32　Cost Weighted加权成本对话框　　　图5-33　Cost Weighted加权成本分析结果

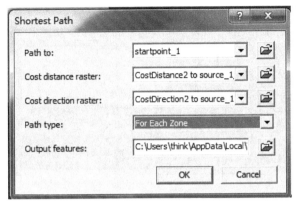

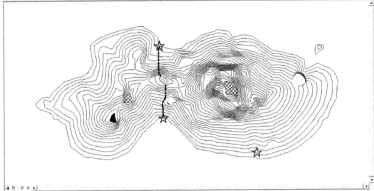

图5-34　Shortest Path最短路径分析对话框　　　　图5-35　source1与startpoint1_1最佳路径分析结果

径）、For Each Zone（寻找每个区域中的一条最短路径）、For Each Zone Best Single（在所有区域中寻找一条最短路径），本案例中选择For Each Zone；

- Output feature：设定输出保存位置。本案例中设定输出至case_3/analysis_data内；

- 点OK，即分析产生source1与startpoint1_1间的最短道路，结果如下图5-35。

d. 点save，保存地图场景文件。

③ 寻找source1（源1）与startpoint1_2（起始点1_2）间的最佳路径。

同样确定source1和startpoint1_2之间的最佳路径。

a. 之前已经生成了基于source1的成本距离和成本方向的栅格数据，即cost distance to source1、cost direction to source1，这里可继续使用；

b. Spatial analysis工具条——Distance——shorthest path（最短路径分析）——弹出对话框中，Path to：注意这里的起始点设为startpoint1_2，表示确定它与source1之间的最短路径；

- cost distance raster：选择cost distance to source1；

- Path type：选择For Each Zone；

- Output feature：仍然输出至case_3/analysis_data内——OK，结果如图5-36；

生成结果后，可将坡度分析图（slope of tin）显示并至于最佳路径数据之下，叠加显示（图5-37），目视判断路径分析结果的可靠性。

c. 利用❶Identify工具，点击最佳路径旁的slope of tin，检验最佳路径位置是否是在坡度较缓的区域。

④ 寻找source2（源2）与startpoint2（起始点2）间的最短路径。

同以上介绍的分析方法，第一步生成基于source_2（源2）的成本距离和成本方向栅格数据，第二步再执行shortest path（最短路径）分析。

a. spatial analysis工具条——Cost weighted——弹出对话框，Distance to：指定到source2；Cost raster：

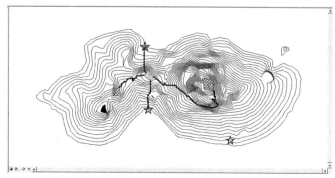

图5-36 source1与startpoint1_2间最佳路径分析结果

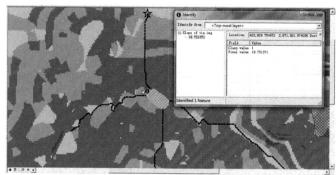

图5-37 Identify工具检验分析结果

仍是以坡度分析栅格数据slope of tin为成本数据；勾选Create direction、Create allocation——OK，得到分析范围内至source2的成本距离和成本方向栅格数据；

b. spatial analysis工具条——shortest path——弹出对话框，Path to：指定为startpoint2，确定它与source2间的最短路径；cost distance raster：选择上步生成的成本距离栅格数据（cost distance to source2）；cost direction raster选择上步生成的成本方向栅格数据（cost direction to source2）；Path type：选择For Each Zone；Output feature：仍然输出至case_3/analysis_data内——OK。其分析结果如图5-38。

⑤ 寻找source3（源3）与startpoint3（起始点3）间的最短路径。

a. 重复使用上面介绍的方法，可获得source3（源3）和 起startpoint3（始点3）的最短路径（图5-39）；

b. 数据窗口面板中同时显示之前最短路径分析结果，分析至此，已准确地寻找出山地公园内串联入口与景点的主园路系统（图5-40）；

c. 同样，也可将坡度分析的栅格数据slope of tin显示出来，置于路径数据层下，目视判断验证所寻找到的最佳主园路的合理性和可靠性；

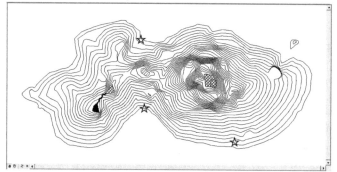

图5-38 source2与startpoint2间的最佳路径

图5-39 source3与startpoint3间最佳路径

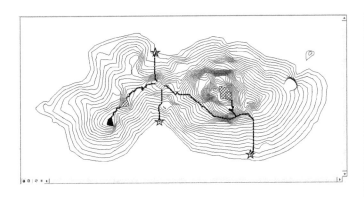

图5-40　公园主园路系统

d. 点save，再次保存整个地图场景文件。

（3）生成分析结果

通过最短路径分析产生连接入口与景点的主园路系统之后，下一步的工作是将生成的主园路网络输出，并导入AutoCAD，以该最短路径为详细规划中主园路的道路中心线，确定公园的主园路。从ArcMap中可以两类方式输出导入AutoCAD的分析结果：第一类是以栅格文件（jpg、tif等格式）输出ArcMap，以光栅图像方式插入AutoCAD中；第二类是以dwg格式的文件输出ArcMap，可直接用AutoCAD文件打开。下面将分别介绍这两类方法的输出方式。

① 以栅格图像方式输出分析结果。

以栅格图像方式输出分析结果后，导入CAD后需要在以此为底图，再描出主园路网络。

a. 启动ArcMap，数据窗口面板中仅显示山地公园等高线数据图层、公园入口与景点的点数据图层、分析所产生主园路线图层数据；

b. 在Data view（数据视图）窗口中，通过 🔍 🔍 ✛ ✛ 工具将所显示输出图层的显示窗口调整至最适宜；

c. 进入Layout View（布局视图）窗口中，查看输出数据显示大小是否合适，若不满意，可重复上步步骤，将输出图层显示大小调整至满意；

d. 调整完成后，Layout View视图中，File菜单栏——Export Map——弹出如图5-41对话框——指定文件名、选择保存文件格式类型、Options中定义输出图像的dpi大小——定义完成后——保存；

e. 启动AutoCAD，打开山地公园1_2000.dwg地形图，插入菜单栏——光栅图像——找到上步输出的主园路分析结果——确定插入点与缩放比例——确定，将分析结果的栅格图像插入到AutoCAD中；

f. AutoCAD中，通过不断移动和放大缩小栅格图像，以及调整绘图顺序工具条，参考主园路分析结果中的等高线，将栅格图像位置调整至与地形图相同，将栅格图像作为背景，这样能依据参照主园路分析结果，在AutoCAD中通过 ↪ 多段线工具，准确合理地勾勒出主园路的道路中心线；

图5-41 输出分析结果

g. AutoCAD中，对勾勒出的主园路道路中心线执行 ⬢ 偏移命令，向左右两侧分别执行偏移，偏移距离为主园路宽度的1/2。至此，可生成山地公园的主园路网络，准确地完成主园路规划。

接下来将介绍在ArcMap中，以dwg格式输出主园路分析结果的方法，这是输出分析结果的第二种方法。

② 以dwg格式文件输出分析结果。

在主园路分析结果以dwg格式文件输出之前，需要将之前以3组源与起始点为对象寻找到的4项主园路数据层进行合并（Merge），生成的合集再与等高线图层数据（本案例中图层名为1_2000_dwg Polyline）合并（Merge），最终以dwg格式输出的结果为主园路等高线数据合集。这里，之所以合并等高线数据层的主要原因是以其作为参照系，在进入AutoCAD之后，与原地形图进行重合，从而确定主园路在原地形图中的准确位置。

a. 启动ArcMap，数据窗口面板中同时显示之前分析产生的主园路数据层和山地公园等高线数据；

b. 点击 ⬢ ，打开ArcToolbox，切换到Index模式，在命令搜索栏中搜索Merge合并命令，点击locate——找到命令所在工具箱——点击Merge命令——弹出对话框，选择Input Datasets输入的数据为之前生成的4组主园路数据；Output Datasets（输出数据）指定输出文件存放位置为Case_2/analysis_data内，文件名命名为"major road"——点击Ok，完成合并；

c. 重复上述步骤，再次执行Merge，将1_2000_dwg polyline等高线数据与上步已合并的主园路数据合并，得到主园路、等高线均在同一图层的数据，名称为"majorroad_1_2000polygine_Merge"（图5-42）；

接下来将合并好的shapefile数据"majorroad _1_2000polygine_Merge"转换成dwg格式数据。

d. 点击打开ArcToolbox——Conversion Tools——To CAD——Export To CAD——弹出对话框：

• Input Features（输入要素）：在输入要素中选择majorroad_1_2000polygine_Merge；

• Output Type（输出类型）：其中可以选择输出DWG格式的类型，由于使用的AutoCAD为2004版，这里选择DWG_R2004格式；

• Output File（输出位置）：指定输出文件存放位置，这里选择Case_2/analysis_data内；

• 点击OK，完成数据转换；

e. 在Case_2/analysis_data内找到输出的DWG文件，用AutoCAD2004打开；同时也将山地公园原地形图"1_2000地形图"dwg打开，在AutoCAD中，窗口菜单栏——垂直平铺——并列显示两个文件（图5-43）；

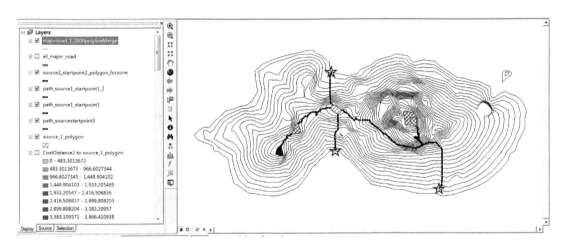

图5-42　Merge合并等高线和主园路

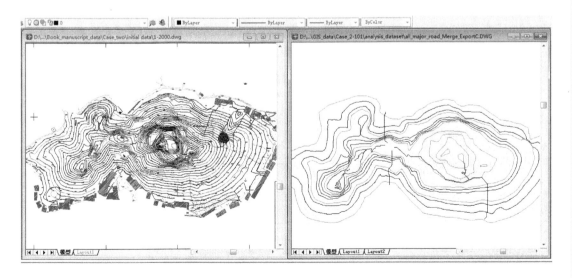

图5-43　AutoCAD中并列显示原场地和主园路分析结果

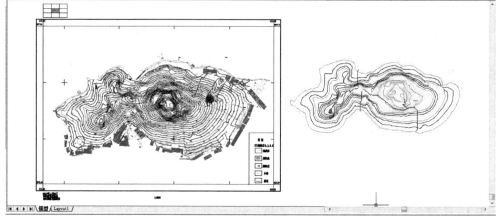

图5-44 AutoCAD中定义块　　图5-45　插入定义好的块

　　f. 在新生成的主园路等高线DWG文件中，将整个场地等高线和主园路线段定义为块，块名称为"majorroad"，并指定拾取点位置，完成块的定义（图5-44）；

　　g. 将刚才定义块majorroad，复制粘贴至山地公园原地形图"1_2000地形图"cad文件中，并以块majorroad指定的拾取点为移动基点与配准参展点（图5-45），移动到与1_2000地形图相同的点上，并通过 缩放工具，将块majorroad调整至与原地形图完全重合，调整后如图5-46；

　　h. 接下来可打开对象捕捉工具，可用多段线 工具，捕捉描出公园主园路系统。

　　至此，在GIS中分析生成的主园路系统已准确地定位到了场地的AutoCAD文件中。在此基础上，可以继续进行其它方面的规划。

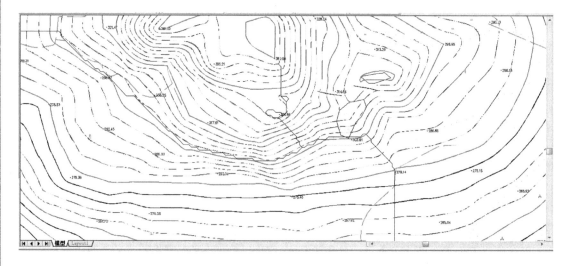

图5-46　场地原地形图与定义的块叠加重合

5.4 本章小结

园路是城市公园或风景旅游区规划中最为重要的线性要素。最佳园路中的"最佳"，可以是一项条件或因子最佳，也可以同时是几项条件或因子最佳。最佳园路分析技术是通过GIS中的距离分析原理寻找到最佳园路。距离分析中，距离被赋予了更加广泛的使用范围和多元的内容，常常用"成本距离"表示，即从出发源点到达目的地的成本，成本可以是距离、时间、金钱等。成本距离分析目的是寻找出发源点与目的地间的成本最低路径，这通常与景观规划中确定最佳园路的要求是相通和相同的。

最佳园路分析在ArcGIS中的实现过程是利用栅格数据计算来实现。其实现过程是：先明确进行最佳园路分析的成本数据，并生成基于目的地的成本距离栅格（cost distance）、成本方向栅格（cost direction）数据，最后确定出发地与目的地间的最佳园路。

最佳园路问题的引申：本案例中，最佳园路的分析为单因素成本分析，即成本因素仅仅考虑了坡度这一单项因子。学习者可进一步思考这样一个引申的问题：若在最短道路分析过程中，需要考虑的成本因素为多因素，即主园路确定需要同时考虑土地适宜性因子、园路周边的风景指数、园路建设与维护成本多项因子，需要进行多因素的成本分析，该如何使用这些因子进行最短道路的成本分析？最短道路分析的结果又会如何？可参阅推荐阅读书目4。对于多项因子最佳园路的分析技术，将在今后有机会结合实际案例进行针对性的介绍。

推荐阅读书目

1. 城市规划GIS技术应用指南[M]. 牛强. 北京: 中国建筑工业出版社, 2012.

2. 汤国安, 杨昕. ArcGIS地理信息系统空间分析实验教程[M]. 第2版. 北京: 科学出版社, 2012.

3. ArcGIS地理信息系统基础与实训[M]. 第2版. Kennedy, M. 蒋波涛, 袁娅娅, 译. 北京: 清华大学出版社, 2011.

4. Xiang, W. N. A GIS based method for trail alignment planning[J]. Landscape and Urban Planning, 1996, 35(1): 11-23.

5. Conine, A., Xiang, W. N., Young, J., Whitley, D. Planning for multi-purpose greenways in Concord, North Carolina[J]. Landscape and Urban Planning, 2004, 68(2-3): 271-287.

第6章 引力—阻力分析技术

城市化的进程正在全球范围内持续推进。据统计，发达国家已有大约80%的人口集中在城市，且该比例在未来仍将有所上升；与之相类似，发展中国家约有35%的人口集中在城市，且未来农村人口向城市流动速度和聚集趋势将更为迅速。至2050年，预计发达国家和发展中国家该比例将分别上升至85.9%和64.1%。伴随着城市人口增加和城市规模的不断扩大，地表土地类型也在不断发生着剧烈改变。这些改变同时也深刻影响着自然生态系统的结构和功能，带来了诸多全球范围内备受关注的问题，具体如生物栖息地面积减小、栖息地丧失和破碎加剧、生物多样性减少、自然生态系统生态服务功能减弱等。这些问题当前已成为随时威胁城市生态安全乃至影响整个地球生物圈和谐发展的隐患。

6.1　生态网络规划

针对这些问题，基于保护生物学、景观生态学、地理学等多个学科背景，生态网络规划应运而生。生态网络（ecological networks）也称生态廊道（ecological corridors）、生态基础设施（ecological infrastructure）、景观连接（landscape linkages）、绿道（greenway）等，是具有多种用途，包括与可持续土地利用相一致的生态、休闲、文化、美学等用途，由线性要素组成的土地网络。它的特点体现在5个方面：空间结构是线性的；连接是网络最主要的特征，将斑块进行连接；网络是多功能的，包括生态、文化、社会和审美功能；网络具有可持续性，是自然保护和经济发展的平衡；网络构成一个完整线性系统的特定战略空间。生态网络的规划与构建能连接各类破碎斑块，增强自然景观的整体性与系统性，有利于保护生物多样性，提升自然生态系统的生态服务功能。

因此，如何在复杂多样的景观格局中识别并确定生态网络一直是保护生物学、景观生态学、城市规划和风景园林等多个学科交叉研究的热点和前沿。目前，生态网络规划的方法比较多，具体可参考如Hoctor, *et al.*（2000）、Rob & Gloria（2004）、Opdam, *et al.*（2006）、Zhang & Wang（2006）、Dame & Christian（2008）、Fath, *et al.*（2007）。本书将重点介绍其中一种较为常用的方法：引力—阻力分析法。并结合实际的生态网络规划案例，进一步介绍引力—阻力分析法在ArcGIS中的实现过程与步骤。

6.2　基于引力—阻力分析的生态网络规划方法

生态网络在空间结构上由斑块（节点）和生态廊道（廊道）构成。生态网络规划的引力—阻力分析法主要包括引力模型和阻力模型分析。引力模型主要用于分析斑块节点间相互引力的大小，衡量节点两两连接的必要性，筛选需纳入生态网络的斑块节点；阻力计算模型则主要用来确定廊道的走向与方向，确保规划出的廊道在景观面上所受阻力最小。总体分析，基于引力—阻力分析的生态网络规划方法的主要步骤包括：① 斑块资源评估；② 斑块间引力分析；③ 斑块（节点）选择；④ 确定景观表面阻力值；⑤ 景观表面阻力成本加权分析；⑥ 最小阻力路径分析。

6.2.1　斑块资源评估

在一个特定的规划范围或景观面中，通常斑块的种类和数量比较丰富，在对特定区域内土地利用情况分析调查的基础上，资源评估的目的就是为了在特定区域范围内，根据生态网络规划的目标，找到那些在自然过程、生物过程、人文过程中具有重要作用或意义的斑块，并从斑块的代表性、生境特殊性等方面，初步划分确定"源"斑块和"目标"斑块。"源"通常是指生态过程扩散和维持的元点或出发点，如对某种动物而言，现存的栖息地就是它们扩散和维持的元点；"目标"通常是指生态过程向外扩散、辐射、流动等过程中可能到达或需要的潜在点，如动物向外移动或迁徙过程中，可供之休息、取食、躲避天敌的生境，或者最终需到达的目的地，均可看作是目标斑块。

资源评估的自然、生物、人文过程主要包括：

自然过程。物种的空间运动；水平生态过程，如风、水、营养元素、污染物的流动；灾害如火灾、虫灾的扩散等。

生物过程。动物的栖息和迁徙过程；植物的生境和扩散过程等。

人文过程。历史文化遗产保护；人群的游憩过程和通达过程；景观认识感知和体验过程等。

评估过程中具体的技术手段主要包括：① 规划对象的历史资料，规划范围内气象、水文、地质、植被、人文历史点等资料；② 现场实地考察调研和体验的文字记录、照片影像等资料；③ 通过应用GIS地理信息系统建立景观数字化表述系统，包括地形地貌、水文、植被、土地利用、动物植物分布点等。

6.2.2　斑块间引力分析

在这一步骤中，需要进一步分析上步所确定之源斑块（节点）与目标斑块（节点）两两进行相互连接的必要性与重要性，为下一步斑块（节点）选择做好准备。评估源节点与目标节点间连接必要性重要性的方法有很多，具体可参阅《Designing greenways sustainable landscape for nature and people》（Hellmund & Smith, 2006）。其中，评估两斑块节点间连接重要性的大小最常用的模型是引力模型，本章将做重点介绍。引力模型是通过两斑块节点间相互引力的大小，来判定两节点间建设生态网络的必要性和重要性。

引力模型（gravity model）也称重力模型，它依据牛顿的万有引力定律，即两物体间的引力与两物体的质量之积成正比，而与它们之间距离的平方成反比类推而成。现代景观规划、景观生态学、地理学中的许多现象都符合此规律，为引力模型在规划中的应用奠定了基础。如某居民居住区周边距离近、面积大、游憩设施多的公园绿地通常比距离远、面积小的公园绿地有更强的吸引力，会吸引更多的居民前往。再如动物迁徙或扩散过程中, 距离近、面积大的栖息地会比距离远、面积小的栖息地更具吸引力, 因为它既能提供更丰富的生境、食物, 又能更有效的躲避天敌。简化后的引力模型在景观生态学中的表达式如下:

$$G_{ab} = \frac{(N_a \times N_b)}{D_{ab}^2} \qquad (6\text{-}1)$$

式中, G_{ab}为a、b斑块节点间的引力; N_a、N_b分别代表a、b两斑块节点的权重; D_{ab}代表a、b两斑块节点的质心距离。

总体分析, 依据引力模型, 两斑块节点间引力的大小代表了两点间建设生态廊道的必要性, 斑块节点的面积越大 (或者是其他斑块资源属性越好越优)、距离越短, 其二者间的引力就越大, 因此两个节点间规划建设生态廊道的必要程度就越高。

6.2.3 斑块 (节点) 选择

依据规划或研究所要达到的目标, 结合引力模型计算的结果, 此步骤主要回答下面几个问题: 是否评估出的所有目标斑块 (节点) 具有同等的重要性? 是否都需要与源斑块 (节点) 通过廊道进行连接? 若优先选择重要性高的目标斑块节点构建廊道网络, 哪些目标斑块又是关键斑块?

基于引力模型的计算, 可以得到源斑块节点与目标斑块节点两两间的引力值结果, 并构建斑块节点间相互作用矩阵。再结合目标物体对目标斑块节点的特殊要求, 如对斑块面积大小、形状轮廓、生境内容、方向位置等, 分析目标斑块连接进入生态网络的必要和重要程度, 确定关键目标斑块。关键目标斑块最后将与源斑块构建形成生态网络。

6.2.4 确定景观表面阻力值

潜在的生态网络是由源斑块 (节点) 与目标斑块 (节点) 间不同的土地利用类型的景观表面阻力所决定的。不同的土地利用类型对目标物体在景观表面运动 (如穿行或觅食等) 的促进作用或阻碍程度各不相同。本步骤主要工作是要设定各土地利用类型的阻力值, 为之后阻力成本计算提供依据。

各种土地利用类型阻力值的设定是根据目标物体在各种土地利用类型中出现的频率, 以及其中运动 (如穿行或觅食等) 的难易或喜好程度而进行设定的。目标物体在某种土地利用类型中出现的频率越高, 表明目标物体对该土地利用类型具有优先选择性, 其运动所受阻力越低, 所应赋予的阻力值也应越低。

一般来说, 目标物体有些选择的区域阻力值较低, 系数可预设较小, 如1、2等值; 其他区域的景观表面的阻力系数可根据目标物体选择的优先程度设定, 优先程度越高, 阻力值就越低。反之亦然。如行人在穿越机动车车辆量大的道路时, 为自身安全, 大多数行人会选择人行横道通过道路。那么, 在对道路进行阻力值设定时, 人行横道的阻力值要比道路其他区域的阻力值低, 如人行横道区的阻力值可预设为1或2等, 而道路的其他非人行横道区域则可设为20或50或更高, 以体现其他非人行横道区域的阻力。又如某目标动物在不同岛屿斑块间进行迁移时，目标动物会优先选择食物丰富隐蔽度高的区域，以保证迁移过程中觅食和逃避天敌需要。那么相应的在进行阻力值预设时，这类区域对该目标动物的阻力就低，阻力值预设就小，如2或3等。

在实际景观表面预设阻力值过程中，针对各种土地利用类型，所设定的阻力值可由低到高，最终形成一个阻力值集合。该集合反映为各种土地利用类型的景观表面对目标物体运动的阻碍程度大小。

6.2.5 景观表面阻力成本加权分析

景观表面阻力值确定之后，即可逐一为其对应的土地利用类型赋予阻力值，得到相应的耗费阻力表面，进行景观表面阻力成本加权分析。景观表面阻力成本加权分析将表面阻力看做是成本因子，内在支撑的算法同4.2成本加权距离算法（具体原理请参见第4章），求解表面阻力最小的路径。该算法使用的内在前提是假设目标物体会优先选择景观表面最小的路径移动或行进。所以，在进行阻力成本分析前，应该首先确定目标物体是否会优先选择表面阻力最小的路径前进。若目标物体符合这一前提条件，则可继续后面的分析，计算阻力的成本加权。

6.2.6 最小阻力路径分析

要创建阻力最小路径，必须使用成本距离算法创建两个成本累积栅格，一个源（或一组源）对应一个成本累积栅格。下图6-1显示了根据单个像元位置创建的成本面。此过程实际上发生在输入栅格的各个像元位置。

最小阻力路径分析工具随后会同时添加两个累计成本面（图6-2）。

输出栅格不识别在两个源之间的单个最小成本路径，但会识别源之间累积成本的范围。也就是说，到达源1的最小累积成本加上到达源2的最小累积成本等于经过像元的某个路径的总累积成本。如果从源1到源2的路径经过该像元，则该累积成本就是最小累积成本。

如果从路径栅格中选择值小于最大累积距离（或阈值）的所有像元，则所生成的输出栅格将与不超过指定成本的一片带（或廊道）状像元相对应。生成的阈值输出可被视为像元的最小成本廊道，而不是最小成本路径（单条线，图6-3）。

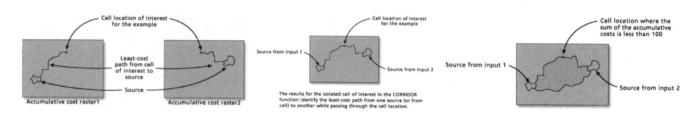

图6-1 创建成本面　　　　　　　　图6-2 同时添加的累积成本面　　　图6-3 所生成的输出阈值

6.3 应用案例：某岛域动物生态廊道规划

6.3.1 案例背景

随着城市化规模不断扩大和城市化进程的不断加快，岛域的自然植被生境被城市建设用地不断的蚕食和隔离。动物A是该岛域上分布较为广泛，又在整个岛域的动物食物网中占有关键生态位，对整个食物网具有承上启下的关键物种。由于城市建设用地的不断扩展，动物A原本连续完整的生境被分割孤立成多处岛域式的斑块生境，原本集中数量较大的种群也随生境的破碎，被分割成多个独立的小种群。动物保护人士担心，破碎化的生境和彼此独立缺乏物质、能量、基因交流的小种群会对A动物的生存和繁衍产生不利影响，造成种群的退化，从而影响到整个动物生态系统的稳定与平衡，乃至威胁整个岛域生态系统的健康。

为了减少生境破碎化的影响，保护A动物种群持续地健康地发展，相关规划部门决定在整个岛域内进行A动物生态廊道或生态网络的建设。通过生态廊道或生态网络，将破碎的岛域斑块生境进行联系衔接，为动物A在不同斑块间进行移动迁徙提供廊道，为物质、能量、基因的交流提供通道。

6.3.2 目标动物的资料收集

根据上述案例背景，很显然规划的主要目的是为岛域上目标保护动物A建设生态廊道或生态网络，联系衔接其破碎的生境斑块。在生态廊道的规划过程中，需要理清下面几个问题：① A动物目前在岛域的分布点；② A动物的生活习性及其生境选择的要求；③ 构建生态廊道时需要加入哪些其他潜在节点。

对于动物A目前在岛域上的分布点，动物研究学者通过野外跟踪监测，已为我们提供了A动物目前在岛域上分布的主要区域，也即分布的斑块节点。分布的斑块节点在Island_landuse中的FID和类型分别见表6-1：

表6-1 动物研究学者提供A动物岛域分别点

FID	类型
157	园地
663	园地
717	园地

同时，动物研究学者也提供了A动物生活习性和生境选择要求的相关信息，这些资料信息将是确定其迁徙移动过程中不同土地利用类型的阻力和分析潜在节点的重要支撑。A动物生活习性和生境选择特点如下：

A动物体型小，体重不超过2kg。大多栖息在树林、灌木林、密集草丛等环境。疾病较少，没有种群内传染性疾病，会游泳且能通过小溪和沟状河道，怕热，适应能力强。喜欢在低洼处或山谷地的树木底部、倒伏树木、有遮阴凉爽的石隙间、洞穴内，以及阔叶林或混交林的外围边缘处安置窝穴。

属于夜行性动物，觅食规律为昼伏夜出。白天隐匿在窝里，夜间出来活动。行动比较缓慢，穿越公路时常被机动车碾压致死。对人类活动反应灵敏，极少出现在人类活动密集区。

属杂食性动物，食物以昆虫及其幼虫为主，兼食小形鼠类、蚯蚓、蜗牛及幼鸟、鸟卵、蛙、小蛇、蜥蜴、等小动物。也食植物性食物，如橡实、野果、苹果、草菌等。最喜食的昆虫是毛虫、甲虫等虫类，每只一夜能吃掉约200g的虫子。也常在农业用地中出现，喜食农作物的瓜果，如黄瓜、葡萄、西红柿等。视觉不发达，嗅觉灵敏，觅食过程主要依靠嗅觉完成。

另外，A动物最小活动区域的面积为8.2hm^2，低于这一区域面积，极少发现有A动物分布。

动物研究学者还向我们提供了A动物某年月在不同生境中活动频率的频次记录（表6-2）。

表6-2　A动物6月各生境活动记录表

生境类型	农地	园地	林带	公共绿地	荒地	湿地	水产养殖区	道路	城市建成区	河流
出现频率（次数/月）	36	41	21	40	13	0	0	10	0	10

结合不同生境类型动物A活动频率表，可为表面阻力值的设定提供依据。活动频率越高，表明该生境对动物A的阻力越小，活动频率越低，表明该生境对动物A的阻力越大。

6.3.3　分析思路

（1）识别规划目标

如前所述，项目总的规划目标是为保护动物A建设生态廊道或生态网络。具体而言，在现有动物A分布斑块基础上（表6-1），通过选择寻找潜在的目标斑块节点，将破碎的岛域化的源斑块通过廊道进行连接，形成生态网络，为物质能量的交换提供通道。

（2）明确所需数据

为了构建A动物的生态网络，所需的数据主要可分为两大类：第一类主要是关于目标动物A的分布区、生活习性、生境选择特点等观测资料数据（表6-2）。这些数据将为源斑块节点、目标斑块节点、土地利用类型表面阻力的确定提供科学支撑。第二类主要是空间分析过程中所需要使用的数据，具体所需数据及其来源见表6-3。

表6-3　生态网络空间分析所需数据和用途

需要数据	数据类型	数据来源	数据用途
目标动物生活习性	文字报告	动物保育研究中心	
目标动物生境选择特性	文字报告	动物保育研究中心	确定目标斑块节点和划分景观表面阻力
目标动物各生境活动特点	文字报告	动物保育研究中心	
目标动物现存分布区	文字报告	动物保育研究中心	确定源斑块节点
源斑块节点	面要素数据	动物保育研究中心	即目标动物现存分布斑块
目标斑块节点	面要素数据	基于土地利用类型数据分析产生	即移动迁移过程中潜在斑块
源斑块与目标斑块间引力数据	表格数据	分析中生成	优选目标斑块节点
景观表面阻力成本数据	栅格数据	分析中生成	生态廊道的计算依据
阻力加权成本	栅格数据	分析中生成	确定最低加权成本的生态廊道
阻力加权方向	栅格数据	分析中生成	确定最低加权成本生态廊道的路径

（3）理清空间分析思路

可参照6.2节所介绍引力—阻力分析方法,确定目标保护动物A生态网络规划的空间分析思路。

① 根据相关数据信息,确定目标动物A在岛域上现存的分布斑块节点。同时依据目标动物A生活习性和生境选择特点,在规划区域内对现有斑块资源进行评估分析,初步确定适宜于动物A栖息活动的潜在目标斑块。

② 结合规划对象与目标,根据引力模型的内涵原理,因地制宜的使用引力模型。如前所述,引力模型的常规表达式如下：

$$G_{ab} = \frac{(N_a \times N_b)}{D_{ab}^2} \qquad (6-2)$$

式中,G_{ab}为a、b斑块节点间的引力；N_a、N_b分别为a、b两斑块节点的权重；D_{ab}为a、b两斑块节点的质心距离。根据此计算表达式,引力值的计算主要取决于a、b两斑块节点的权重值和节点间距离值三项参数。对于D_{ab}斑块节点间质心的距离,也即动物A在斑块间的移动或迁徙距离。对于N_a、N_b,该如何确定a、b两斑块的权重呢? 引力模型中权重是指该斑块在整个景观中相对重要程度,考虑到我们目标保护动物对斑块面积大小的依赖性,在本案例中,我们将通过斑块面积大小来反映斑块在景观中的重要程度,即将引力模型调整为：

$$G_{ab} = \frac{(A_a \times A_b)}{D_{ab}^2} \qquad (6-3)$$

式中,G_{ab}为a、b斑块节点间的引力；A_a、A_b分别为a、b两斑块节点的面积大小,D_{ab}为a、b两斑块节点的质心距离。可通过斑块节点的面积和斑块间的距离来确定斑块间的引力。

在之后的空间分析过程中，将分别计算源斑块节点与潜在目标斑块节点间的引力值，为进一步筛选斑块节点提供参考。

③ 目标斑块节点的选择。根据动物A生活习性和对生境选择的要求，参考源斑块节点与潜在斑块节点间引力值矩阵，确定最终需要纳入生态网络的目标斑块。

④ 确定景观表面阻力值。

首先需要根据动物A生境选择的要求，对岛域土地利用类型进行分类。在此案例中，土地利用类型的空间数据是由岛域国土部门直接提供，国土部门的土地利用类型划分成共7大类24小类（表6-4）：

表6-4　土地利用类型的分类

道路	工业用地	城市建设用地	绿色用地	农业用地	河流水系	潮滩
主干路	一类工业用地	市区居住用地	单位附属绿地	耕地	河流	滩涂
次干路	二类工业用地	医疗卫生用地	厂区绿地			
支路	三类工业用地	教育科研设计用地	居民区绿地			
		普通仓库用地	河岸绿地			
		村镇居住地	生产绿地			
		水产养殖	街道绿地			
		港口用地	防护林地			
		待建地	其他绿地			

根据国土部门的反馈，在该土地利用类型分类中，由于输入操作失误，存在一处小错误，需要我们注意。错误是"四类居住地"是"市区居住用地"的误输入，这处错误我们在使用该数据前需要进行修改更正。

依据动物A的生活习性、生境选择特性，经过多轮的专家交流，确定了动物A通过各种土地利用类型的阻力值，阻力值设定表6-5如下：

表6-5　阻力值预设值

土地利用类型一级分类	土地利用类型二级分类	阻力值
道路	主干路	60
	次干路	40
	支路	15
工业用地	一类工业用地	120
	二类工业用地	120
	三类工业用地	120
城市建设用地	市区居住用地	100
	医疗卫生用地	100
	教育科研设计用地	100
	普通仓库用地	80
	村镇居住地	100
	水产养殖	80
	港口用地	100
	待建地	40
绿色用地	单位附属绿地	10
	厂区绿地	15
	居民区绿地	10
	河岸绿地	2
	生产绿地	2
	街道绿地	20
	防护林地	2
	其他绿地	2
农业用地	耕地	2
河流水系	河流	20
潮滩	滩涂	100

　　对于道路，由于主干路、次干路、支路的宽度不同，动物A在穿越时所受的阻力也因各不相同，支路的宽度最窄，通常在4m内，所以其阻力值最低，设置为15，而次干路和主干路的阻力值则分别设

置为40和60。对于城市建设用地，因为动物A对人类活动较为敏感，所以各类用地的阻力值均设置在80~100，考虑到待建地搁置的时间较长，常常是杂草密布，所以其阻力值设置偏小，设置为40。关于绿色用地，也根据动物A对其的适应性程度进行区分设置。单位附属绿地、厂区绿地、居住区绿地、街道绿地由于人类活动比较频繁，因而阻力值设置偏高；相反，河岸绿地、生产绿地、防护林地、其他绿地的阻力值设置偏低。对于耕地，是动物A主要的栖息区和觅食地，阻力值设置为2。另外，考虑到动物A对于较窄河流有一定的穿越能力，河流的阻力值设为20。最后，对于岛屿外缘受潮汐影响的潮滩，极少观察有动物A活动，说明其对动物A缺乏吸引性，将阻力值设置偏大，为100。

⑤ 景观表面阻力成本加权分析。在划分好土地利用类型并赋予其相应的阻力值成功后，以阻力值字段为关键字段，生成土地利用类型阻力表面的栅格数据。在阻力表面栅格数据基础上，分别生成源斑块节点与目标斑块节点间的阻力成本加权数据和阻力成本加权方向数据，为确定最低阻力路径的分析做好准备。

⑥ 生成最低阻力路径。基于之前生成的阻力成本加权数据和阻力成本加权方向数据，寻找出最低阻力路径，也就是目标保护动物A在源斑块节点与目标斑块节点间移动迁徙中所受阻力最小的路径，即斑块间的生态廊道，多条生态廊道即构建形成动物A移动迁徙的生态网络。

6.3.4　技术实现过程

本案例的原数据存放于所附光盘Case_6/initial_data/initial geodatabase内，其中包括Island_landuse岛域土地利用文件。

（1）土地利用类型的修正

接下来第一步工作是先对国土部门数据录入时的两处输入错误进行修正，即"四类居住用地"修改为"市区居住用地"。

a. 启动ArcCatalog——在非系统盘相应的磁盘内，新建Case_6文件夹——将光盘Case_6/initial_data文件夹内的initial geodatabase复制到所新建Case_6文件夹；

b. 启动ArcMap，加入initial geodatabase/Island_landuse数据，浏览该数据的图像和属性表。Open Attribute Table打开属性表之后，记录有土地利用类型信息的字段有name、Land_use、type。根据国土部门的意见，name字段下土地利用类型信息是最标准划分类型，其他Land_use和type字段是根据其他项目的需要进行第二次重分类的结果，本案例中，我们将使用name字段下的土地利用类型（图6-4）；

c. Editor工具条，Editor下拉菜单——Start Editing 开始编辑——打开Island_landuse土地利用类型的属性表——Options——Select by Attributes通过属性进行选择——表达式为"name" = '四类居住用地'——选中需要更正的对象，点击属性表下方show：Selected，显示选中的对象——属性表中分别逐一将"四类居住用地"更正为"市区居住用地"；

图6-4　本案例采用name字段下的土地利用类型

图6-5　岛域土地利用类型分类显示

d. Editor工具条，Editor下拉菜单——Save edits储存编辑；

接下来，我们将对土地利用类型设显示方式进行设置，用不同颜色来表示不同土地利用类型。

e. 左侧数据显示栏中，修改island_landuse土地利用类型的显示方式，右键——properties——Categories下——unique values唯一值——Value field选择TYPE字段——分别调整各土地利用类型的显示方式；

f. 存储整个场景文件，文件名可以命名为"ecological network"。

至此，我们已经完成了土地利用类型的修改与分类显示，现在的所有土地利用类型如图6-5：

（2）确定目标动物A源斑块

我们将动物A现存栖息地作为源斑块。根据动物研究者提供关于动物A现存栖息地的数据，动物A

在岛域内现存的栖息地主要有三块，在土地利用类型图中与之相对应的OBJECTID号分别是49、258、302。接下来操作将提取出动物A的源斑块，为之后分析做准备。

a. 接上步操作，ArcMap中打开Island_landuse数据，查看其属性表；

b. 属性表中，Options——select by attributes——选择的表达式为：[OBJECTID] =49 OR [OBJECTID] =258 OR [OBJECTID] =302——选中动物A的现存的主要三块栖息地——点击属性表下方show：Selected，显示选中的对象——属性表中逐一查看各面积、周长等地块信息；为了后面分析方便，我们将为这三块栖息地单独创建一个数据层，并命名为"source_patch"源斑块；

c. 同时选中49、258、302三块地块——数据面板中，选中Island_landuse数据——右键——Selection——Create Features from Selected Features从选中的要素中创建图层——数据面板中产生选中要素的图层数据——数据面板中单击其文件名，可对文件名就行修改——重新修改命名为"source_patch"，结果如图6-6；

d. 完成此步操作，存储整个场景文件。

（3）评估选择动物A潜在目标斑块

确定好动物A的源斑块后，还需对潜在目标斑块进行评估选则。即动物A在生态网络运动迁移过程中，可能需要停留进行休息或觅食等活动的斑块。由于动物A对栖息地生境面积大小的要求不能低于8.2hm²，因此在确定潜在目标斑块时，我们设定的优先选择第一条件为斑块面积不能低于10hm²。另外，考虑到动物A对人类活动反应比较敏感，动物研究者建议，潜在目标斑块选择的第二条件为距人类活动区的距离不能低于100m。

a. 继续上步的操作，打开Island_landuse数据的属性表，先选择出岛域中的绿色用地；

b. 属性表中——options——Select by Attribute——选择的表达式为：[name] = '其他绿地' OR [name] = '单

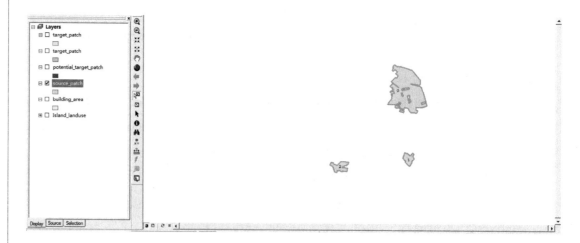

图6-6　生成source_patch源斑块数据

位附属绿地' OR [name] = '厂区绿地' OR [name] = '居民区绿地' OR [name] = '河岸绿地' OR [name] = '生产绿地' OR [name] = '耕地' OR [name] = '街道绿地' OR [name] = '防护林地'——选择出岛域中的绿色用地,这些都是潜在的目标斑块——修改其名称为"greenspace";

查看刚选出的"greenspace"数据,绿色用地数量极多。接下来将通过面积不小于10hm和距人类活动区的距离至少超过100m,进一步确定潜在的目标斑块。

c. 打开greenspace数据的属性表——options——select by attributes——选择表达式为:[Shape_Area]≥100000——选择出面积符合条件的地块——查看选择出的地块,其土地利用类型主要为耕地、生产绿地等土地利用类型——修改其名称为"10hm²";

接下来,进一步筛选距人类活动区距离至少100m的斑块。

d. 先选择出人类活动主要区域。打开Island_landuse数据的属性表——options——select by attributes——选择的表达式为:[name] = '一类工业用地' OR [name] = '三类工业用地' OR [name] = '二类工业用地' OR [name] = '医疗卫生用地' OR [name] = '市区居住用地' OR [name] = '教育科研设计用地' OR [name] = '普通仓库用地' OR [name] = '村镇居住地' OR [name] = '港口用地'——选择出人类主要活动区域——修改其名称为"building_area";

e. 菜单栏中,Selection菜单下——Select by Location通过空间位置进行选择——I want to: select features from; the following layer: 100000hm; that: have their centroid in; the features in this layer: building_area; Apply a buffer to the features in building_area of : 100 Meters,从100000hm图层数据中选择地块中心在bilding_area100m范围内的斑块——Ok——选择出满足条件斑块;

f. 数据面板中,选中10hm²图层数据——右键——Selection——Switch selection转换选择——选择出距离在building_area100m以外的斑块;

g. 打开10hm²的属性表,查看选出数据,发现258、302斑块,动物A现存栖息斑块,即源斑块也包含其中;

h. 在地图视图中,查看数据——按住Shift键,利用 Select Features——在地图数据中点击去掉对258和302数据的选择——此时即得到满足面积超过10hm²,距离人类活动区至少100m的潜在目标斑块;

i. 数据面板中,选中10hm²数据——右键——Selection——Create Features from Selected Features从选中的要素中创建图层——数据面板中生成选中要素图层——修改其名称为"potential_target_patch"(图6-7);

此时生成的"source_patch""potential_target_patch"数据为临时选择结果数据,属过程数据,仍未保存在计算机中,为了后面分析使用方便,将其输出至计算机中。

j. 先在计算机Case08文件夹内新建analysis folders文件夹,用于存放案例分析过程中产生的数据;

k. 数据面板中,选中potential_target_patch图层——右键——Data——Export Data——弹出对话框,如图6-8,命名为potential_target_patch并将保存路径设为Case08/analysis folder/potential_target_patch.shp——

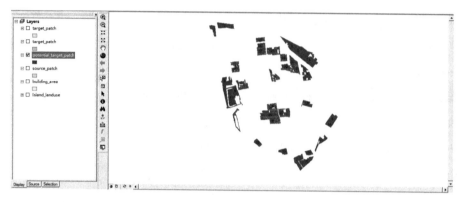

图6-7　提取出potential_target_patch潜在目标斑块

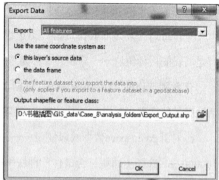

图6-8　输出保存potential_target_patch

Ok——将之加入到该场景文件中。

l. 同k中的方法，将source patch也输出生成源斑块shpaefile数据文件。

（4）引力计算

上面的操作已分别提取出动物A源斑块和潜在目标斑块，本项的内容是对源斑块和潜在目标斑块间进行引力计算。参照引力模型：

$$G_{ab} = \frac{(A_a \times A_b)}{D_{ab}^2} \qquad (6\text{-}4)$$

式中，G_{ab}为a、b斑块节点间的引力；A_a、A_b分别为a、b两斑块节点的面积大小；D_{ab}为a、b两斑块节点的质心距离。

首先，我们先来计算源斑块和潜在目标斑块之间的质心距离。

a. ArcMap中新建场景文件，分别将之前输出生成的Case08/analysis_folders/下的source_patch和potential_target_patch数据加入场景；

b. 激活ArcToolbox工具箱——选择Data Management Tools——Features——Feature To Point——弹出对话框；

• Input Features（选择需要转换为质点的数据）：选择source_patch作为输入要素；

• Output Feature Class（输出要素存放位置及命名）：设置输出到analysis folder文件夹内，用系统默认生成文件名；

• Inside：勾选，即质心在斑块范围内——OK——获得源斑块的质心数据；

c. 重复上步中的方法，将Input Features选择为potential_target_patch，Output Feature Class输出位置仍为analysis folders文件，勾选Inside，得到潜在目标斑块的质心数据（图6-9）；

接下来，计算质心与质心间的欧式距离。

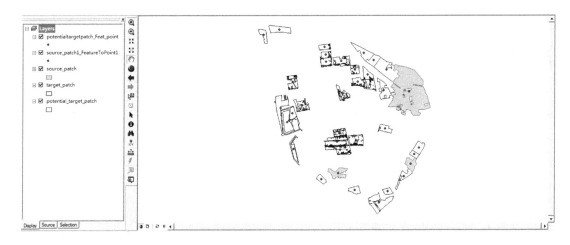

图6-9 将potential_target_patch转换为质点

d. ArcToolbox工具箱中——Analysis Tools——Proximity——Point Distance点距离——弹出对话框，Input Features（输入要素）：将源斑块生成质心点数据作为输入要素；Near Features（邻近要素）：将潜在目标斑块生成的质心点数据作为邻近要素；Output Table（输出表格）：用distance.dbf为文件名，存放位置为anlaysis folders文件夹内——OK；

e. 生成的distance.dbf为属性表数据，用ArcCatalog（前面章节曾提到，ArcCatalog可以用于查看和管理GIS文件）将它加入ArcMap（图6-10）。表中的INPUT_FID表示源斑块的FID号，而NEAR_FID则表示潜在目标斑块的FID号；DISTANCE则记录了源斑块与各潜在目标斑块质心间的欧式距离，即为引力模型中的D_{ab}；

依据引力计算公式：

$$G_{ab} = \frac{(A_a \times A_b)}{D_{ab}^2} \qquad (6-5)$$

A_a、A_b分别为源斑块和潜在目标斑块的面积大小，面积大小的数据分别记录在source_patch和potential_target_patch数据的属性表中SHAPE_Area字段下，接下来我们将会进行属性连接（具体理论内容见本章后的相关知识链接），将distance.dbf、source_patch属性表和potential_target_patch属性表连接成一张表格，以方便引力值的计算。

f. ArcMap中，移除之前生成的源斑块和潜在目标斑块的质心点数据，数据面板中仅保留source_patch、potential_target_patch、distance.dbf数据。右键——点击open查看distance.dbf数据（图6-11）；

g. 点击表下方options——Joins and Relates连接和关联——Joins连接——弹出对话框（图6-12），Join attributes from table（连接属性表）。

• Choose the filed in this layer that the join will be based on选择Distance.dbf中的哪个字段与另一属性表进行连接：这里我们选择INPUT_FID（前面已介绍它与source_patch源斑块数据中的FID号是一致的）；

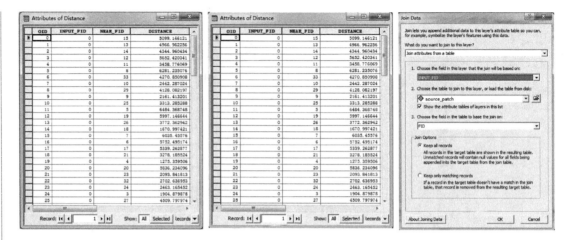

图6-10　ArcMap中distance.dbf属性表　图6-11　查看distance.dbf数据　　图6-12　连接对话框

• Choose the table to join to this layer, or load the table from与哪个数据的属性表进行连接：这里我们选择source_patch；

• Choose the field in the table to base the join on与source_patch属性表中的哪个字段的数据进行匹配连接，这里我们选择FID；Join Options选项，这里选择默认选择，Keep all records（连接加入所有记录）——Ok——distance.dbf和source_patch属性表的连接已建立，source_patch所有属性数据均显示在distance.dbf表中（图6-13）；

接下来，我们还需将potential_target_patch的属性数据表再连如distance.dbf表中，以便进行引力值计算。

h. 重复3中的操作（图6-14），将potential_target_patch的属性数据表与distance.dbf表进行连接；

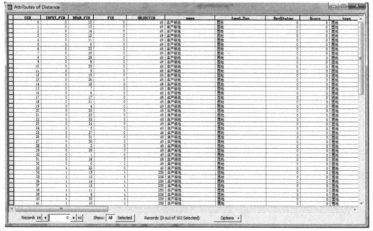

图6-13　建立连接后的distance.dbf表

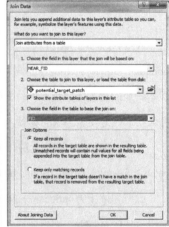

图6-14　连接potential_target_patch的属性数据表与distance.dbf表

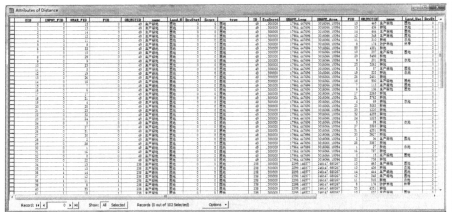
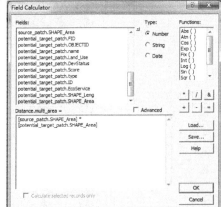

图6-15 连接后的distance.dbf、source_patch属性表、potential_target_patch属性表　　图6-16 输入$A_a \times A_b$表达式

i. 将distance.dbf、source_patch属性表、potential_target_patch属性表连接成的一张表（图6-15）；

目前，$G_{ab} = \dfrac{(A_a \times A_b)}{D_{ab}^2}$公式中的参数值均已具备，且在同一张数据表中，可以进行引力值计算。在distance.dbf数据表中，分别增加一列名为gravity字段、一列multi_area字段、一列square_dis字段，分别用于存放引力值G_{ab}、$A_a \times A_b$的值、D_{ab}的值。

j. distance.dbf数据表下方——options——Add Field增加字段——对话框；

· Name：名称为gravity；

· Type：选择Double双精度型——OK——数据表中新出现一列distance.gravity的数据，前缀distance表示该数据是存放于distance.dbf数据表中；

k. 同上的操作方法，再分别新建multi_area字段和square_dis字段；

l. 选中multi_area这一列，右键——Field Calculator字段计算器——弹出对话框，可根据引力模型，输入$A_a \times A_b$表达式如图6-16，——点击OK——即获得源斑块与潜在目标斑块斑块面积的乘积值（图6-17）；

m. 同上的操作，在gravity字段、square_dis字段下分别计算出D_{ab}^2、G_{ab}的值，表达式分别如图6-18、6-19，其中gravity字段下即为源斑块与潜在目标斑块间的引力值。最终，计算出表格数据如图6-20。

n. 存储整个场景文件，以"gravity model"为场景文件名，保存引力计算结果。

至此，我们已完成了源斑块与潜在目标斑块间引力值的计算，下面我们将结合引力值的大小，进一步优选潜在目标斑块，确定最终需要生成生态网络的目标斑块。

（5）确定动物A目标斑块

a. 打开gravity model场景文件，查看distance.dbf引力计算结果；

b. 为了更直观形象的查看源斑块与潜在目标斑块间的引力大小，用FID号分别标记显示source_patch

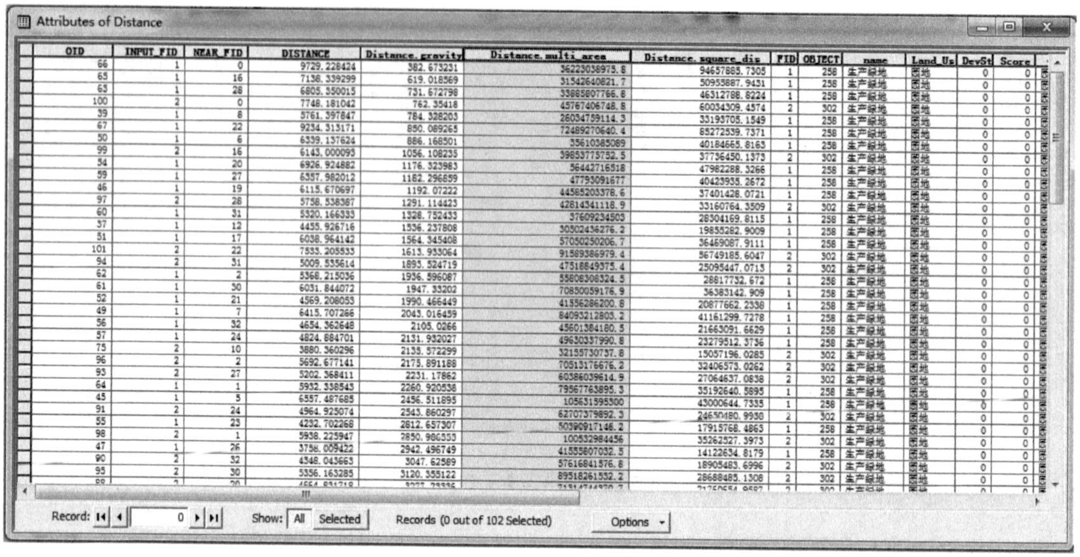

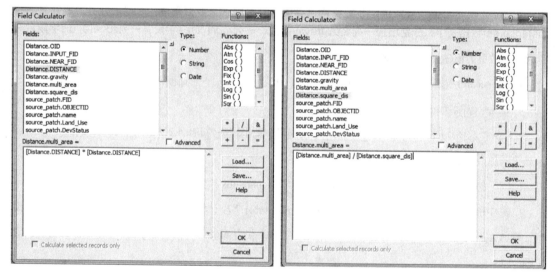

图6-17 计算出的面积乘积值

图6-18 计算D_{ab}^2

图6-19 计算出G_{ab}

和potential_target_patch数据。数据图层——选择source_patch——右键——Properties——Label选项卡——Label Field标注字段选择FID。再选择source_patch——右键——勾选Label Features标注要素，即可显示各斑块的FID号；

c. 同上步完成标注potential_target_patch数据（图6-21）；

d. 此时打开distance.dbf数据表，结合图6-21，查看斑块两两间的引力值；

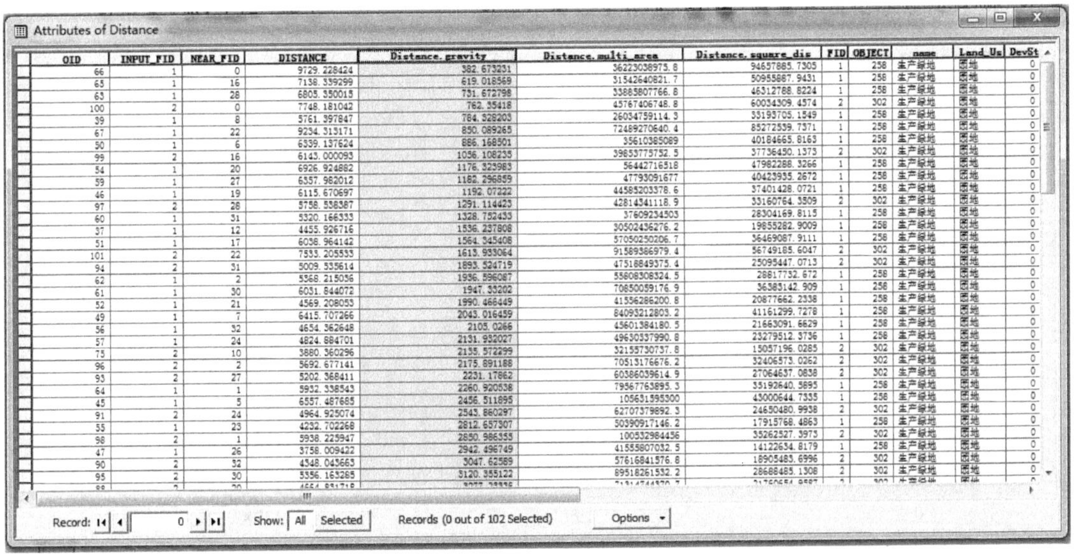

图6-20　计算得出的gravity引力值

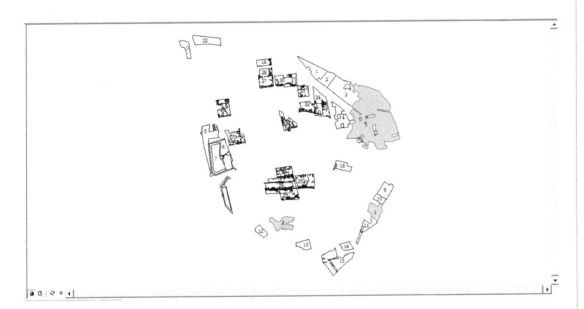

图6-21　分类显示source_patch源斑块和potential_target_patch潜在目标斑块

此时，为了更好的查看引力值，可生成源斑块与潜在目标斑块间的引力值矩阵，以便和动物研究学者进一步确定筛选目标斑块。生成引力值矩阵见表6-6：

表6-6　源斑块与目标斑块引力矩阵表（部分）

源斑块INPUT_FID	目标斑块NEAR_FID	gravity
0	15	382.67323103900
0	13	619.01856870600
0	14	731.67279769600
0	12	762.35417984200
0	11	784.32820297700
0	8	850.08926512400
0	33	886.16850148200
0	10	1056.10823508000
0	29	1176.32398300000
0	9	1182.29685856000
0	25	1192.07221961000
0	5	1291.11442263000
0	19	1328.75243307000
0	26	1536.23780776000
0	18	1564.34540797000
0	7	1613.93306359000
0	6	1893.52471946000
0	17	1936.59608685000
0	21	1947.33202005000
0	4	1990.46644856000
0	20	2043.01645865000
0	23	2105.02659962000
0	32	2131.93202651000
0	24	2135.57229892000
0	3	2175.89118785000
0	27	2231.17861983000
…	…	…

最终，依据引力值矩阵表、潜在目标斑块形状轮廓、空间分布位置、斑块间土地利用类型等因素进行综合考虑，将潜在目标斑块中FID号为0、4、5、6、7、8、9、10、13、19的斑块剔除，其余的均保留为构建生态网络的目标斑块。

e. 数据图层面板中，选择potential_target_patch——选中全部斑块——按Shift，利用 Select Features——分别单击要剔除的潜在斑块0、4、5、6、7、8、9、10、13、19——数据面板鼠标对准potential_target_patch——右键——selection——Create layer from selected features——生成精选后的目标斑块集合——命名为"target_patch"；

f. 数据面板中，鼠标对准target_patch——右键——Data——Export Data输出数据——弹出对话框，存放在analysis folders文件夹内，文件名为target_patch.shp。

至此，通过前面的引力分析和对引力值分析，确定了需要与源斑块进行生态廊道连接的目标斑块，接下来将进行土地利用类型阻力值设置和阻力分析，确定阻力最小的生态廊道；

g. 保存场景文件。

（6）阻力值的设定与阻力表面的生成

本项目中各土地利用类型应设的阻力值已在上节的表6-5中列出，这里将对为各土地利用类型进行阻力赋值。

a. ArcMap打开之前保存的场景文件ecological_network.mxd；

b. 数据面板中，选择Island_landuse图层数据——Open Attribute Table——Options——Add Field增加字段——字段名为resistance，类型为Short Integer——OK；

参照表6-5，为各土地利用类型进行阻力赋值。

c. 打开Island_landuse的属性表——Options——Select by Attributes通过属性进行选择——选择表达式为[name] = '主干路'——OK——选中主干路；

d. 选中resistance整列——右键——Field Calculator——输入60——点击OK——完成赋值（图6-22）；

e. 依次重复3、4操作，为所有土地利用类型赋予相对应的阻力值；

接下来，将土地利用类型的矢量数据，以resistance为字段，转换成栅格数据，即生成基于阻力值的栅格数据。

f. 激活Spatial Analysis空间分析工具条——spatial analysis旁下拉菜单——Convert——Features to Raster转换成栅格数据——弹出对话框，Input features：选择Island_landuse；Field：选择resistance字段；Output cell size：设置为30；Output raster：设置输出栅格存放位置为analysis folders内，文件名为resist_raster，如图6-23——OK；

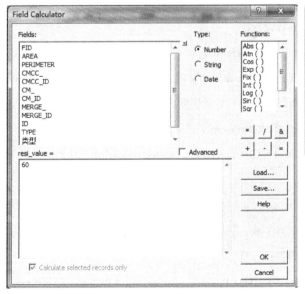

图6-22　为"主干路"赋予阻力值

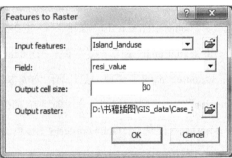

图6-23　基于resistance阻力字段转换成栅格数据

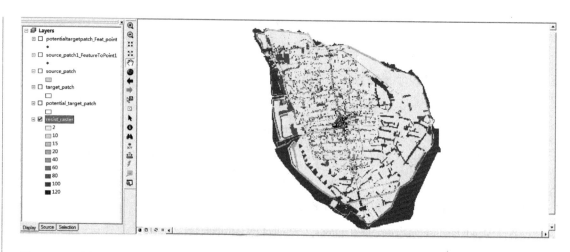

图6-24　阻力栅格图

g. 生成的resist_raster阻力栅格如图6-24。

（7）计算阻力加权距离和阻力加权方向

景观表面的阻力值即不同土地利用类型的阻力表面已生成，接下来将加入source_patch源斑块和target_patch目标斑块数据，计算它们之间的阻力加权距离和加权方向。

a. 仍在ArcMap中打开ecological network场景文件；

b. 将之前已优选确定的analysis folders/target_patch目标斑块数据加入ArcMap；

c. 激活Spatial Analysis空间分析工具条——spatial analysis旁下拉菜单——Options——弹出对话框，设置分析范围，选择Extent选项卡，Analysis extent分析范围：Same as layer "resist_raster"；选择Cell Size选项卡 "same as layer resist_raster" ——点OK，完成设置；

d. spatial analysis旁下拉菜单——Distance——Cost Weighted——弹出对话框（图6-25），Distance to：以source_patch源斑块为源计算阻力成本加权；Cost raster：成本栅格选择resist_raster；勾选Create direction和Create allocation，分别创建方向和分配，存放位置均使用默认Temporary，即生成临时过程文件，未存储在硬盘上；Output raster输出栅格仍选择默认Temporary，未记录在硬盘上——OK；

e. 生成Cost Distance to source_patch成本加权距离和Cost Direction to source_patch成本加权方向数据。

（8）生成阻力最小生态网络

a. Spatial Analysis空间分析工具条——spatial analysis旁下拉菜单——Options——弹出对话框，设置分析范围，选择Extent选项卡，Analysis extent分析范围：Same as layer "resist_raster"；选择Cell Size选项卡 "same as layer resist_raster" ——点OK，完成设置；

b. spatial analysis旁下拉菜单——Distance——Shortest Path——弹出对话框，Path to：选择target_patch为目标；Cost distance raster：成本距离栅格，上步以生成，指定为Cost Distance to source_patch；

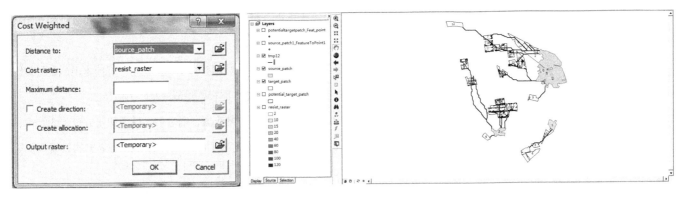

图6-25 Cost Weighted分析　　　　　　图6-26 source_patch和target_patch间阻力最小生态网络

Cost direction raster：成本加权方向栅格，指定为Cost Direction to source_patch；Path type：选择路径类型，即For Each Cell（寻找每个区域中每个栅格单元的最短路径）、For Each Zone（寻找每个区域中的一条最短路径）、For Each Zone Best Single（在所有区域中寻找一条最短路径），本案例中选择For Each Zone；Output Features：输出存放在analysis folders文件夹内，文件命名为"paths"——OK；

c. 生成source_patch和target_patch源斑块和目标斑块间的阻力最小生态网络，可在数据面板中仅显示paths和resist_raster，查看验证paths网络廊道是否沿阻力值最低区域生成。结果如图6-26；

d. 图6-26中，虽然生成了生态网络，但source_patch源斑块与target_target目标斑块相连后仍分成独立三部分，若需进行网络构建，可重新制定源与目标，重复之前操作步骤，生成三部分间的网络。

需要指出的是，基于阻力—引力分析技术的图6-26中斑块间生态网络仅是阻力成本最低的网络，是为规划确定最终的生态网络提供理论依据与参考。最终生态网络的提出，还需在后期基于图6-26与现有线状绿地、道路、河流、用地现状等因子叠加之后，进行综合考虑，确定最终生态网络。

6.4 本章小结

引力—阻力分析技术是生态网络规划中最为常用的一种技术。其主要步骤有：
① 斑块资源评估；② 斑块间引力分析；③ 斑块（节点）选择；④ 确定景观表面阻力值；⑤ 景观表面阻力成本加权分析；⑥ 最小阻力路径分析。

其中斑块间进行引力分析的引力模型是公式：

$$G_{ab} = \frac{(N_a \times N_b)}{D_{ab}^2} \tag{6-6}$$

式中，G_{ab}为a、b斑块节点间的引力；N_a、N_b分别为a、b两斑块节点的权重，D_{ab}为a、b两斑块节点的质心距离。该模型假设引力与质点（斑块）间距离成负相关，即质点间距离越小，其引力值越高；距离越大，则引力值越小。

景观表面阻力成本加权分析与最小阻力路径分析的理论原理与第5章最佳园路分析技术中确定最佳园路的原理相同。引力—阻力分析中是以景观表面阻力确定最佳路径，也即最小阻力路径。

在ArcGIS中的实现过程可分为两大步：第一步是基于矢量数据，通过引力模型和研究对象的特性，确定目标斑块，并为整个景观表面划分表面阻力；第二步是基于栅格数据，利用划分出的景观表面阻力，进行最小阻力路径分析。

推荐阅读书目

1. 牛强. 城市规划GIS技术应用指南[M]. 北京: 中国建筑工业出版社, 2012.

2. 汤国安, 杨昕. ArcGIS地理信息系统空间分析实验教程[M]. 第2版. 北京: 科学出版社, 2012.

3. Kennedy, M. ArcGIS地理信息系统基础与实训[M]. 第2版. 蒋波涛, 袁娅娅, 译. 北京: 清华大学版社, 2011.

4. Linehan, J., Gross, M., Finn, J. Greenway planning-developing a landscape ecological network approach[J]. Landscape and Urban Planning, 1995, 33(1-3): 179-193.

5. Kong, F., Yin, H., Nakagoshi, N., Zong, Y. Urban green space network development for biodiversity conservation: Identification based on graph theory and gravity modeling[J]. Landscape and Urban Planning, 2010, 95(1-2): 16-27

6. Rob, J., Gloria, P. Ecological Networks and Greenways: Concept, Design, Implementation[J]. Cambridge University Press, 2004.

7. Jongman, R. H. G., Bouwma, I. M., Griffioen, A., Jones-Walters, L., Van Doorn, A. M. The Pan European Ecological Network: PEEN[J]. Landscape Ecology, 2011, 26(3): 311-326.

8. Jongman, R. H. G., Kulvik, M., Kristiansen, I.European ecological networks and greenways[J]. Landscape and Urban Planning, 2004, 68(2-3): 305-319.

应用案例中相关知识链接

在前面进行引力计算时，我们将不同图层的属性表进行了连接，以方便计算。其中，关于属性数据连接和关联的知识，将在本节做清楚的介绍。

属性连接，是基于某一个相同列（或称公共标签）将两张表的信息连接在一起。被连接的表可能是一个与特定地理数据库有关的属性表，也可能是一个独立数据表。在进行属性连接时，公共标签的名字可以不同，但它们的数据类型必须匹配，所表示的属性必须相同。如图6-27，两个数据表中的Landuse Code作为公共标签（或基于Landuse Code相同列），将两个数据表进行了连接，连接输出成一个数据表。

数据表之间的连接关系有多种：一对一、多对一、一对多、多对多。一对一或多对一连接是通过ArcGIS中的join来完成。而一对多或多对多连接需要用ArcGIS中的relate来关联两张表，这两张表在关联的同时是各自独立保存的。

任何两个数据源，不管什么格式，只要有一个公共标签，都可以通过图层连接或关联。比如说本应用案例中，通过一个公共标签，连接Geodatabase表格（即distance.dbf）和shapefile（source_patch、potential_target_patch）文件。

在ArcMap中，右键单击目标空间数据和目标表格，然后依次选择Joins and Relates——Join（或Relate）。然后，

INPUT

OBJECT ID#	Landuse Code
1	2
2	0
3	1

← Join Fields →

Landuse Code	Landuse Type
0	Unclassified
1	shrub
2	water

OUTPUT

OBJECT ID#	Landuse Code	Join Table Landuse Code	Join Table Landuse Type
1	2	2	water
2	0	0	Unclassified
3	1	1	shrub

图6-27　以公共标签进行属性连接

在连接数据对话框中选择"Join attributes from a table"（属性连接）。需要注意的是，连接仅是暂时的，并不会新建数据表，如果退出该项目场景时不保存，下次再打开时连接就自动消失了。若属性信息表连接完成，我们就可以方便的进行计算。若属性信息表连接到空间图层，我们就可以用ArcGIS方便快捷的进行制图。

第7章 适宜性分析技术

在任何规划制定过程中，规划所面临的首要问题就是要回答"在哪里进行规划"。如在哪里规划新的城市、在哪里规划新的道路等。从景观规划的角度分析，"在哪里进行规划"在本质上是一个适宜性分析问题（suitablity analysis，suitability evaluation）。美国景观设计师伊恩·伦诺克斯·麦克哈格（Ian Lennox McHarg）在其1969年出版的《设计结合自然》（*Design with Nature*）中指出土地的生态适宜性是指由土地内在自然属性所决定的对特定用途的适宜或限制程度。适宜性分析技术就是一类用于确定某一尺度下地块土地对于某一特定使用方式适宜程度的技术。生态适宜性由提出至今已历经百年，目前已被广泛用于农业规划、林业规划、城市规划、土地规划、绿地规划等相关领域，其技术的更新也是历经百年的发展。

7.1 适宜性分析技术的发展

7.1.1 手绘筛选叠图阶段

初期的适宜性分析技术采用的是手绘筛选叠图的方式。林恩米勒和麦克哈格均认为查尔斯艾约特以及他在奥姆斯特德事务所的同事们是手绘筛选叠图的先驱。是他们最先在办公室的窗户上利用日光透射进行叠加分析。

1912年，奥姆斯特德和沃伦曼宁利用土壤、植物和地形信息，通过研究这些要素与土地利用的关系，为马萨诸塞州的比尔里卡镇绘制了四份不同的分析图。曼宁的比尔里卡规划以这种方式，清晰地展示了对镇区交通和土地利用的建议。艾约特虽然对如何使用叠加分析技术做出了清晰的解释，但是无论是他或者是曼宁都未能对叠加分析技术的基本原理进行理论性阐释。

在艾约特和曼宁完成他们的工作之后，又有许多的研究工作使用了叠加分析技术，但是对于这一技术的基本原理却始终缺乏理论上的解释。

7.1.2 理论发展阶段

土地利用适宜性分析方法发展的第二个阶段，是伴随着第一篇关于地图叠加技术的学术论文而开始的。《城乡规划教科书》收录了一篇由杰奎琳特·里蒂（Jacqueline Tyrwhitt）的文章，文中明确地探讨了叠加分析技术。特里蒂提供的案例中，通过在透明图纸上，基于同样比例绘制了四张地图，分别反映地貌、水文、岩石类型、以及土壤排水），将这些地图叠加而合并成了一张土地特征图。合并后的特征图对这四张图纸进行了更综合的解释、比较和说明。此后，在二战以后的英国，叠加分析技术也在大尺度的新城规划和其他开发项目中被广为接受和使用。

这个阶段的规划论文开始涉及适宜性分析技术的讨论，这些讨论持续了整个20世纪60年代，并产生了大量讨论叠加分析技术的论文。这些出现在20世纪60年代和70年代早期的论文，从理论阐释到特定方案的案例研究，都表明叠加分析技术已经作为一种正式的方法被广为采用，用以对环境要素进行空间描述、综合解释并揭示其同土地利用的关系。

20世纪60年代在意义方法上的重大进步是生态因子的分析。麦克哈格用一张张人工绘制的地图将他所研究区域的自然特征都呈现了出来。首先将景观的单一因子逐一制图，用灰白两色区别对某种土地利用方式的适宜性和不适宜性，这些像X射线透视图似的复合地图显示了土地对不同土地利用方式的内在适宜性，比如保护区，城市化区域，游憩地等。然后将这些单因子图层叠加就形成了一张总的综合适宜性分析图。最终的适宜性分析图展现了最佳或最适宜的区域，比如使用哪一块土地，能产生最大的经济效益，同时对环境的影响最小。

7.1.3　计算机辅助叠加制图阶段

20世纪60年代末70年代初，由于要大量手绘叠加地图，因而出现的困难越来越多。困难之所以越来越多是随着适宜性分析方法的普及，要求越来越多的因素要被考虑到，因此地图所包含的信息也越来越多。对此，手绘叠加图层的方法在实践中面临的困难也愈加显著，如难以绘制大量地图。这些不由使人们将期待的眼光转向了计算机科学。在适宜性分析中计算机技术的出现及使用，标志着适宜性分析发展过程中第三阶段的到来。计算机技术为绘制和综合大批量的数据提供了许多便利。尽管麦克哈格和他在宾夕法尼亚大学的同事还在专注于传统的适宜性分析方法，哈佛大学和马萨诸塞大学的团队则更快的意识到这是将计算机科学应用到土地利用适宜性方法的好时机。布鲁·麦道格尔（Bruce MacDougall）为宾夕法尼亚大学和马萨诸塞大学不同方法间融合提供了沟通的桥梁，因为他同为这两所学校的成员。他也对手工叠加图层方法的精度提出了质疑，同时提出了一些改进精度的建设性建议。比如超过三个以上叠加图层，图纸就变得不透明了，尤其是手工绘图时，问题尤其。对此可以运用计算机技术。

可以这样认为，哈佛大学在基于计算机的适宜性分析技术方面，做了很多突出的工作。霍华德·费舍尔（Howard Fisher）阐明了伍德（Edgar M. Horwood）关于利用计算机通过在纸上打印网格统计值制作简单的网格地图的构想。费舍尔的研究成果被称为普通线化印刷系统符号制图（SYMAP），SYMAP包括一套模板，通过操作数据来创建等值线图或是通过不同灰度来阐释等值线。

1966年秋天，哈佛大学设计研究生院的计算机图形实验室使用的计算机图层叠加分析方法，大概是世界上首次应用于大地理区域的计算机图层叠加分析应用实例。当时卡尔·斯坦尼兹（Carl Steinitz）在哈佛大学担任副教授，他提出了DELMARVA概念，即对特拉华（Delaware），马里兰（Maryland），弗吉尼亚半岛（Virginia Peninsula）这三个地方的景观规划的研究理念。斯坦尼兹和他的学生应用SYMAP来分析包含不同地物因子的两图层叠加效果，并得出其综合权重指数。比如此区域种植谷物的适宜程度等。

另一个能更有力证明哈佛在当代计算机土地利用适宜性分析技术方面起到先驱作用的案例是蜜岗

（Honey Hill）项目，这个项目是以其所在新罕布什尔州的位置命名的。在此项目中，斯坦尼兹和他的同事们用SYMAP的方法分析了项目提出的许多土地利用类型，如受洪水影响的水库、游憩园林公路等。这个项目充分展示了计算机用于综合分析不同的土地利用模型，得出理想而经济的规划的能力。这个阶段的另一个绘图程序就是著名的栅格数据模型"GRID"和"IMGRID"。这些计算机图层叠加分析方法比之前任何一个办法都更快、更好的重现了环境。

与斯坦尼兹和耶鲁大学的柏瑞（J. K. Berry）一起共事的汤姆琳（Dana Tomlin，1983）提出了一个被他称为"地图代数（map algebra）"的想法，同时写了一个实验性的程序来完善他的想法。这个系统被称作地图分析软件包（MAP）。截止至1982年10月，MAP被全世界的71所大学，38个公共机构和政府研究协会，以及35个私人组织所采纳。在20世纪70年代初期开始的都市景观规划模型（metropolitan landscape planning model，METLAND）同样做出了很大的贡献，当时由马萨诸塞州立大学的研究人员在朱利斯·法布士（Julius Fabos）的指导下完成，这个团队招募了许多来自宾夕法尼亚大学的重要研究员，起初是布鲁·麦道格尔，米尔·克罗斯（Mier Gross），随后是杰克·赫恩（Jack Ahern）。

计算机制图技术领域的不断进步促使了地理信息系统（GIS）的出现，这项技术的定义是存储、分析、显示空间与非空间数据，并能通过自动图层叠加或查询分析产生新的数据信息的计算机系统。自20世纪80年代起，GIS的广泛使用就标志着计算机制图技术已被广泛接受。

7.1.4 多准则决策阶段

之前地图叠加分析方法将复杂的适宜性分析评价过程简化为几个评价因子的问题，而不是基于多因素、多方面的综合判断，因而在面对现实中复杂的多因素问题时就受到很大局限。基于多准则决策分析的适宜性分析方法克服了传统叠加分析法的不足，为多目标、多准则甚至无结构特性的景观规划问题提供了一种简便的分析方法。

多准则适宜性分析的理论基础是多准则决策分析。多准则决策分析（multi-criteria decision analysis，MCDA），也称为多准则评价（multi-criteria evaluation，MCE），是在多重因素、多重标准，甚至相互冲突因素影响下，对一系列选项进行评价和决策。景观规划中的多因素多准则的规划问题通过多准则适宜性分析均能得到解决。例如，进行城市地震应急避难场所选址规划，若将现有公园、街头绿地、广场等作为待选的避难场所，要符合救灾通道畅通性、有效利用面积、灾害影响程度、基础设施状况、可达性等多个判断准则，通过多准则适宜性分析，规划者能同时考虑这些不同的判断准则，对多个可选场所进行适宜性分析，确定相应的适宜性等级后再行规划选择。

多准则适宜性分析具有如下特点：① 注重各因素各目标彼此之间的权衡（trade off）；② 能处理优先顺序不同的问题；③ 可同时处理量化及非量化的目标；④ 可同时处理定量及定性的准则；⑤ 可处理目标间的冲突与矛盾；⑥ 可处理不同量纲的目标和准则。

多准则适宜性分析需要重点分析研究对象的三个基本内容：① 目标：分析所需要达到或实现的目标；② 准则：影响分析的因素，是分析的标准；③ 决策选项：基于GIS的适宜性分析中，栅格图像中的每一个像元就是一个决策选项。

多准则分析过程主要由两部分组成：① 获取决策信息。决策信息一般包括属性（准则）权重和属性值（属性值主要有三种形式：实数、区间数和语言），其中属性（准则）权重的确定是多准则决策中的一个重要研究内容；② 通过一定的方式对决策信息进行集结并对选项进行排序和择优。

有一些研究也指出多准则适宜性分析方法的不足在于：① 布尔运算和加权线性组合分析方法过于简化了土地适宜性评价过程中的复杂性，忽略了其他不能在计算机环境中特别是在GIS环境中不易表达但同样影响适宜性的因素；② 基于加权线性组合算法的叠加分析在应用过程中常会因为使用者没有充分理解方法隐含的前提假设条件而出现问题。

7.1.5　人工智能阶段

土地适宜性分析评价过程需要考虑各种土地条件因子对总体土地质量的影响，因此分析评价期间需要大量的经验及专家知识的参与。如何更好的整合各类知识信息，并正确运用到土地评价中，是适宜性分析过程的关键，而人工智能就能有效处理这一问题。

人工智能是研究、开发用于模拟、延伸和扩展人的智能的理论、方法、技术及应用系统的一门新的技术科学。人工智能是计算机科学的一个分支，它企图了解智能的实质，并产生出一种新的能与人类智能相似的方式做出反应的智能机器。"人工智能"一词最早于1956年Dartmouth学会上提出。著名的美国斯坦福大学人工智能研究中心尼尔逊教授认为"人工智能是关于知识的科学——即怎样表示知识以及怎样获得知识并使用知识的科学"。美国麻省理工学院的温斯顿教授认为："人工智能就是研究如何使计算机去做过去只有人才能做的智能工作。"人工智能属于综合性科学，涉及信息论、自动化、仿生学、生物学、数理逻辑、地学等多元学科。空间信息科学的发展为土地适宜性分析和土地利用规划提供了新的机遇。从尼尔逊教授和温斯顿教授的定义来看，人工智能能够很好利用计算机技术手段，来获取知识和运用知识。

近年来，人工智能方法为适宜性分析在景观规划中的应用提供了新机遇，也是目前适宜性分析技术所处的发展阶段。广义上来说，人工智能包括了能够为分析和决策过程提供支撑，描述和建模表达复杂系统的计算技术。人工智能旨在建立能够模仿人类智慧的系统，同时对用户来说又无需对其内部的操作机制掌握得十分透彻。

（1）模糊数学的方法

在复杂的适宜性分析过程中，要提供精确的数值信息往往是比较困难的。某些情况下，适宜性区域与非适宜性区域具有明显的天然界线；但是也有很多情况下，土地利用的适宜性等级并没有明显的界线。比如：在评价旅游开发适宜性的场景中，如果以精确的数值限定可开发的适宜范围在10km之内。那么，现实中是否真实存在如此明显的界限，即9.99km就是适宜开发，而10.1km就不适宜开发，显然这可能就不太符合实际。因此在定义闭值时常常会出现不准确性和不精确性，也就需要引入模糊数学的方法。模糊数学理论则提出土地单元究竟被划分至哪一个层次只是一个隶属度问题，而不是依据精确的数值进行严格的划分。另一方面，指标的权重一般用数值表示。而实际上，权重的重要性经常通过一些语义的描述，而不是用数值来表达。这种语义的描述能提供适宜性指标的重要性排序。在这种情况下，使用模糊数学逻辑就能够用来解决类似的含糊性和不精确性问题（表7-1）。

表7-1　布尔逻辑和模糊数学逻辑对比表

布尔逻辑	模糊数学逻辑
① 对集合的边界有着明确的定义。	① 允许灵活的定义集合的边界。
② 一个元素或是存在于集合中，或是不存在于集合中。	② 一个元素是否存在于集合中，是一个隶属度上的问题。
③ 不允许一个元素的一部分存在于集合中。	③ 允许一个元素部分存在于集合中。
④ 布尔逻辑只使用两个值0和1，（如果元素不在集合中，则为0，如果元素在集合中，则为1。）	④ 模糊逻辑允许一个元素的值介于0和1之间。

（2）人工神经网络

人工神经网络模型来源于模拟人脑的灵感，具有自组织、自适应的能力。它是一种应用类似于大脑神经突触联接的结构进行信息处理的数学模型。在工程与学术界也常直接简称为神经网络或类神经网络。神经网络是一种运算模型，由大量的节点（或称神经元，或单元）和之间相互的连接构成。人工神经网络一直以来被应用于遥感影响的分类和GIS空间分析与建模。斯维（Sui，1993）成功的将人工神经网络整合到GIS系统中以发展适宜性分析，同时发现人工神经网络可以得到专家需要的近似值，却不需要专家在分类原则上进行精确的表述。

误差反向传播人工神经网络（BP网络）是应用最广泛的人工神经网络之一。BP网络方法包括训练学习和应用两个过程。训练学习就是根据输入输出不断调整网络节点值的过程。人工神经网络模型用于适宜性分析过程就如一个自适应的不断调整的系统，用户可以将更多的精力关注问题本身而不是具体的技术细节，因此被不少研究者所采纳。其缺点是对训练数据的依赖性大，用户并不清楚如何优化网络结构。

（3）遗传算法

遗传算法（genetic algorithm）是模拟达尔文生物进化论的自然选择和遗传学机理的生物进化过程的计算模型，是一种通过模拟自然进化过程搜索最优解的方法。它由美国密歇根大学赫兰（J. Holland）教授于1975年首先提出来的，其主要特点是直接对结构对象进行操作，不存在求导和函数连续性的限定；具有内在的隐并行性和更好的全局寻优能力；采用概率化的寻优方法，能自动获取和指导优化的搜索空间，自适应地调整搜索方向，不需要确定的规则。遗传算法的这些性质，已被人们广泛地应用于组合优化、机器学习、信号处理、自适应控制和人工生命等领域。遗传算法同样适用于涉及大范围空间搜索的组合问题，比如复杂的多目标土地利用的适宜性问题。由于其具有模拟自然进化过程特性，特别适合于处理传统搜索算法解决不好的、复杂的和非线性问题，在土地适宜性分析中具有较好的应用前景。

（4）元胞自动机

元胞自动机（cellular automata，CA）能够很好地模拟系统从最初的简单状态通过动态的交互过程演化为一个复杂系统的过程。把一个长方形平面分成若干个网格，每一个格点表示一个细胞或系统的基元，它们的状态赋值为0或1，在网格中用空格或实格表示，在事先设定的规则下，细胞或基元的演化就用网格中的空格与实格的变动来描述，这样的演化或变动类似于细胞的生长，能够模拟现实中很多土地利用类型变化的问题。目前，通过整合更多基于Agent行为或非固定区域搜索等方法，元胞自动机方法得以获得新拓展，也为适宜性分析提供更强有力的分析工具。

人工智能方法在以下情景优于传统方法：① 处理不可预测非线性数据；② 决策任务具有非常重要的隐藏模式；③ 决策环境中需要表达人类意愿和无法定量定义的信息。人工智能也存在一定的局限性。如在土地适宜性分析过程中，人工智能方法往往在小空间尺度得以应用，获取较好的效果；而在大空间尺度上则很少使用人工智能方法，主要是由于大空间尺度涉及的数据繁多，人工智能处理方式复杂。

7.2 多准则适宜性分析技术的步骤

7.2.1 要素选择

要素即土地适宜性分析要素，是指与规划目标所发挥功能相关联的因子。在景观规划中，需要围绕规划要实现之目标功能进行单项要素的选择，这是适宜性分析的第一步。它们是适宜性分析的基础，是规划目标的分解。要素可以是涉及社会、经济、生态等多方面的定性或定量化的数据。要素选择有以下原则：① 与规划要实现目标功能密切相关，目标功能为要素选择确定了范围；② 要素所包含数据是全面详细的；③ 所选要素应具有可操作性，能用现有技术进行处理；④ 要素间应相互独立，避免要素叠加分析时的重复计算。

7.2.2 数据准备

数据准备阶段是指将所选各单项要素的数据转化为GIS中的空间数据，为基于GIS下适宜性分析提供准备。在要素选择中，所选要素可分成两类：一类是要素数据格式是GIS中的空间数据，另一类要素数据并非GIS中空间数据（如纸质文件数据、遥感影像图、CAD数据等）。第一类数据可以在GIS系统中直接利用，第二类数据则需要经过数字化或解译过程进行提取，将所需要素转化为GIS中空间数据。

7.2.3 要素标准化及确定权重

要素标准化及确定权重是多准则适宜性分析中关键的一步。包括对各单项要素内数据进行标准化和确定所选各要素间的权重。

首先，要素标准化主要目的是：① 结合规划目标，对各单项要素内的数据进行因子等级划分与排序，确定各等级对规划目标的适宜性程度的高低，并进行排序；② 通过标准化还能统一所选不同单项要素数据单位，产生同量纲（commensurate）的要素。由于所选要素可能涉及社会、经济、自然等多方面的定性或定量数据，其所含数据描述性质、单位各不相同，通过标准化中的等级划分和排序，能将各数据描述类型与单位统一，产生同量纲的要素。

依据规划目标，对某要素数据进行级别划分后，如何排序的方法有很多，具体可阅读马莱尔（Maranell，1974）。主要的方法有：序列法（Ordinal）、间隔法（Interval）、比率法（Ratio）。举例如某要素数据可划分成A、B、C、D、E五个级别：

采用序列法对其适宜性程度高低进行排序，可将最适宜的类型级别设为1，最不适宜的类型级别为5，其排序结果为：B（1）、C（1）、A（3）、D（4）、E（5）。

采用间隔法进行排序，可将最适宜的类型级别设为10，最不适宜的类型级别为1，其排序结果为：B（10）、C（7）、A（5）、D（3）、E（1）。

采用比率法进行排序，可将标准化的值定在[0，1]区间之间，可将最适宜的类型级别设为1，最不适宜的类型级别设为0，其排序结果为：B（1）、C（0.75）、A（0.50）、D（0.25）、E（0）。

完成了各单项要素内数据的标准化之后，紧接下来要确定的是所选各单项要素各自在规划目标中的相对重要程度。即各项要素的权重。要素权重值的大小，反映出要素的相对重要性。层次分析法（AHP）、分级—排列—比率提问法（ranking，rating，and ratio questioning）、替换权重法（tradeoff weighting）等方法是常用的权重确定方法。其中，AHP决策分析法（analytic hierarchy process简称AHP方法或层次分析法）是由美国运筹学家赛蒂（T. L. Saaty）于20世纪70年代提出的，是一种定性与定量相结合的决策分析方法。它常常被运用于多目标、多准则、多要素、多层次的非结构化的复杂决策问题。因此，在多准则的适宜性分析方法中，具有十分广泛的应用性。

层次分析法的基本过程，大体可以分为如下六个基本步骤。

（1）明确问题

即弄清规划目标的范围、所包含的准则、所选择的要素、各要素之间的关系等，以便尽量掌握充分的信息。

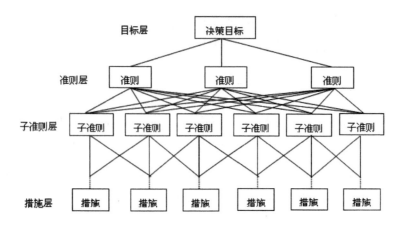

图7-1 层次分析法决策分析结构示意

（2）建立层次结构模型

在这一个步骤中，要求将规划目标所含的准则进行分组，把每一组作为一个层次，并将它们按照：最高层（规划目标层）—若干中间层（准则层）—最低层（措施层或要素层）的次序排列起来。这种层次结构模型常用结构图来表示（图7-1），图中要标明上下层元素之间的关系。如果某一个元素与下一层的所有元素均有联系，则称这个元素与下一层次存在有完全层次的关系；如果某一个元素只与下一层的部分元素有联系，则称这个元素与下一层次存在有不完全层次的关系。层次之间可以建立子层次，子层次从属于主层次中的某一个元素，它的元素与下一层的元素有联系，但不形成独立层次。

（3）构造判断矩阵

这一个步骤是层次分析中一个关键的步骤。判断矩阵表示针对上一层次中的某元素而言，评定该层次中各有关元素相对重要性程度的判断，其形式如下：

A_k	B_1	B_2	$\cdots$	B_n
B_1	b_{11}	b_{12}	$\cdots$	b_{1n}
B_2	b_{21}	b_{22}	$\cdots$	b_{2n}
$\cdots$	$\cdots$	$\cdots$		$\cdots$
B_n	b_{n1}	b_{n2}	$\cdots$	b_{nn}

其中，b_{ij}表示对于A_k而言，元素B_i对B_j的相对重要性程度的判断值。b_{ij}一般取1，3，5，7，9等五个等级标度，其意义为：1表示B_i与B_j同等重要；3表示B_i较B_j重要一点；5表示B_i较B_j重要得多；7表示B_i较B_j更重要；9表示B_i较B_j极端重要。而2，4，6，8表示相邻判断的中值，当5个等级不够用时，可以使用这几个数。

显然，对于任何判断矩阵都应满足：

$$\begin{cases} b_{ii}=1 \\ b_{ij}=\dfrac{1}{b_{ji}} \end{cases} (i, j =1, 2, \cdots, \quad n)$$

（7-1）

因此，在构造判断矩阵时，只需写出上三角（或下三角）部分即可。

一般而言，判断矩阵的数值是根据数据资料、专家意见和分析者的认识，加以平衡后给出的。衡量判断矩阵质量的标准是矩阵中的判断是否具有一致性。如果判断矩阵存在关系：

$$b_{ij} = \frac{b_{ik}}{b_{jk}} (i, j, k = 1, 2, 3, \cdots, \quad n) \qquad (7\text{-}2)$$

则称它具有完全一致性。但是，因客观事物的复杂性和人们认识上的多样性，可能会产生片面性，因此要求每一个判断矩阵都有完全的一致性显然是不可能的，特别是因素多，规模大的问题更是如此。为了考察层次分析方法得出的结果是否基本合理，需要对判断矩阵进行一致性检验。

（4）层次单排序

层次单排序的目的，是对于上层次中的某元素而言，确定与本层次有联系的各元素重要性次序的权重值。层次单排序是层次总排序的基础。

层次单排序的任务可以归结为计算判断矩阵的特征根和特征向量问题，即对于判断矩阵B，计算满足：

$$BW = \lambda_{max} W \qquad (7\text{-}3)$$

的特征根和特征向量。在式7-3中，λ_{max}为判断矩阵B的最大特征根，W为对应于λ_{max}的正规化特征向量，W的分量W就是对应元素单排序的权重值。

通过前面的分析，我们知道，如果判断矩阵B具有完全一致性时，$\lambda_{max} = n$。但是，在一般情况下是不可能的。为了检验判断矩阵的一致性，需要计算它的一致性指标：

$$CI = \frac{\lambda_{max} - n}{n - 1} \qquad (7\text{-}4)$$

在式7-4中，当$CI = 0$时，判断矩阵具有完全一致性；反之，CI愈大，就表示判断矩阵的一致性就越差。

为了检验判断矩阵是否具有令人满意的一致性，需要将CI与平均随机一致性指标RI进行比较。一般而言，1阶或2阶的判断矩阵总是具有完全一致性的。对于2阶以上的判断矩阵，其一致性指标CI与同阶的平均随机一致性指标RI之比，称为判断矩阵的随机一致性比例，记为CR（表7-2）。

$$CR = \frac{CI}{RI} < 0.10 \qquad (7\text{-}5)$$

一般地，当时，就认为判断矩阵具有令人满意的一致性；否则，当$CR \geq 0.1$时，就需要调整判断矩阵，直到满意为止。

表7-2　平均随机一致性指标

阶数	1	2	3	4	5	6	7	8	9	10	11	12	13	14	15
RI	0	0	0.58	0.90	1.12	1.24	1.32	1.41	1.45	1.49	1.52	1.54	1.56	1.58	1.59

（5）层次总排序

利用同一层次中所有层次单排序的结果，就可以计算针对上一层次而言，本层次所有元素的重要件权重值，这就称为层次总排序。层次总排序需要从上到下逐层顺序进行。对于最高层而言，其层次单排序的结果也就是总排序的结果。

假如上一层的层次总排序已经完成，元素A_1，A_2，…，A_m得到的权重值分别为a_1，a_2，…，a_m；与A_j对应的本层次元素B_1，B_2，…，B_n的层次单排序结果为$[b_1^j, b_2^j, \cdots b_n^j]^T$（当$B_i$与$A_j$无联系时，$b_i^j=0$）；那么，$B$层次的总排序结果见表7-3。

表7-3　层次总排序表

层次A 层次B	A_1 a_1	A_2 a_2	…	A_m a_m	B层次的总排序
B_1	b_{11}	b_{12}	…	b_{1m}	$\sum\limits_{j=1}^{m} a_j b_1^j$
B_2	b_{21}	b_{22}	…	b_{2m}	$\sum\limits_{j=1}^{m} a_j b_2^j$
…	…	…		…	
B_n	b_{n1}	b_{n2}	…	b_{nm}	$\sum\limits_{j=1}^{m} a_j b_n^j$

显然：

$$\sum_{i=1}^{n}\sum_{j=1}^{m} a_j b_i^j=1 \tag{7-6}$$

即层次总排序是归一化的正规向量。

（6）一致性检验

为了评价层次总排序结果的一致性，类似于层次单排序，也需要进行一致性检验。为此. 需要分别计算下列指标：

$$CI = \sum_{j=1}^{m} a_j CI_j \tag{7-7}$$

$$RI = \sum_{j=1}^{m} a_j RI_j \tag{7-8}$$

$$CR = \frac{CI}{RI} \tag{7-9}$$

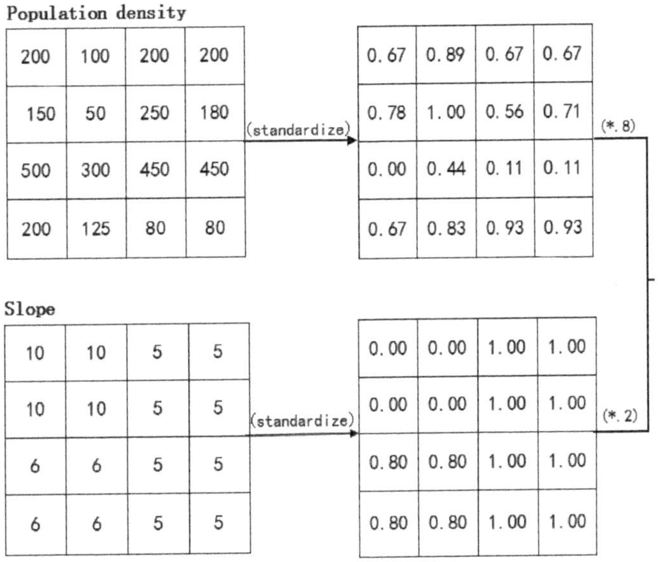

Population density

200	100	200	200
150	50	250	180
500	300	450	450
200	125	80	80

(standardize)

0.67	0.89	0.67	0.67
0.78	1.00	0.56	0.71
0.00	0.44	0.11	0.11
0.67	0.83	0.93	0.93

(*. 8)

Slope

10	10	5	5
10	10	5	5
6	6	5	5
6	6	5	5

(standardize)

0.00	0.00	1.00	1.00
0.00	0.00	1.00	1.00
0.80	0.80	1.00	1.00
0.80	0.80	1.00	1.00

(*. 2)

图7-2　要素标准化与权重确定示意

在式7-7中 CI 为层次总排序的一致性指标；CI_j 与 a_j 对应的 B 层次中判断矩阵的一致性指标；

在式7-8中，RI 为层次总排序的随机一致性指标；RI_j 为与 a_j 对应的 B 层次中判断矩阵的随机一致性指标；

在式7-9中，CR 为层次总排序的随机一致性比例。

同样，当 $CR<0.10$ 时，则认为层次总排序的结果具有令人满意的一致性；否则，就需要对本层次的各判断矩阵进行调整，直至层次总排序的一致性检验达到要求为止。

最后，以人口密度和坡度两项要素为例，如图7-2进一步直观形象展示说明标准化与权重确定过程。

对于人口密度要素，依据规划目标，将每平方公里人口密度分成了<50、50~80、80~100、100~125、125~150、150~180、180~200、200~250、250~300、300~450、450~500多个等级，采用间隔法，其标准化的的结果是：<50（20）、50~80（18）、80~100（16）、100~125（14）、125~150（12）、150~180（10）、180~200（8）、200~250（6）、250~300（4）、300~450（1）、450~500（0），标准值越高，适宜性程度也越高。其确定的权重值为0.8。

对于坡度要素，依据规划目标和要素特征，将其划分成<5，5~6，6~10三个等级，采用间隔法，其标准化的结果是：<5（20），5~6（10），6~10（1），标准值越高，适宜性程度也相应越高。其确定的权重值为0.2。

7.2.4　数据整合与GIS叠加分析

数据整合是指将标准化的值在ArcGIS整合到各单项要素中，之后的GIS叠加分析则可获得分析结果——适宜性分析图（图7-3）。

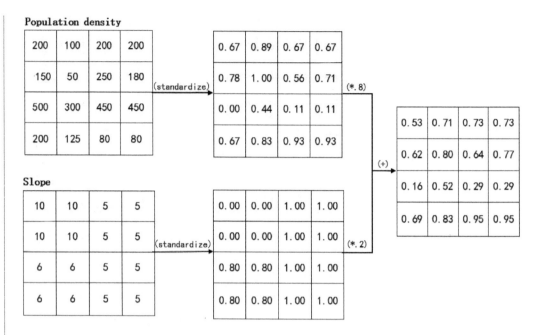

图7-3 多准则适宜性分析过程示意

将代表各单项要素的空间数据以矢量格式导入GIS中，为数据整合与叠加分析做准备。数据整合是把上步确定各单项要素标准化等级值（Capability scores）的结果录入相应要素的空间数据属性表中的Value字段下。数据整合完成后，在ArcGIS中将录入的标准化等级值作为Value字段，在相同栅格尺寸同一坐标系下，以Value字段为属性，将各要素数据的矢量数据转化为栅格数据，得到各要素数据以标准化等级值为Value字段的栅格图像。

利用ArcGIS空间分析中叠加（Overlay）功能，将各栅格图像赋予相应的权重值，得到适宜性分析图，完成叠加分析。需要特别指出的是，多准则的适宜性分析方法，在叠加过程中使用的是加权线性组合模型（weighted linear combination model）。加权线性组合模型的计算方式如下：

$$V_{(xi)} = \sum_j w_j r_{ij}$$ （7-10）

w_j表示的是要素的权重值，该值的大小反映出该要素的相对重要性，各要素的权重值的总和为1，即$\sum w_j = 1$；r_{ij}表示要素内所包含数据的标准化值。

加权线性组合模型是支撑多准则适宜性分析方法的核心，其通过几何运算的方式很容易在GIS中实现。另外，其简单易懂的叠加过程也受到分析者和决策者的青睐，因而使用范围也非常广泛。接上面的例子，加权线性组合模型的计算过程如图。

加权线性组合模型叠加在GIS中的实现过程是通过地图代数的方式进行实现，即通过尺度空间内栅格点集的变换和数学运算来实现。ArcGIS中的栅格计算器（Raster Calculator）可用来编辑地图代数表达式，并执行地图代数的运算。

这里，需要特别注意的是，在很多时候，许多分析者并没有完全真正理解加权线性组合模型的构建前提与基础，而盲目的采用该叠加分析，这样获得的分析结果往往是不可靠的。还需进一步指出的是，在应用加权线性组合模型时，还应该充分理解到之前的两个关键步骤的作用：要素的标准化和要素权重的确定。关于加权线性叠加分析在应用时常见的错误，可进一步阅读Heywood, *et al.*（1995）和Chrisman（1996）的研究。

最后，有兴趣的读者可结合加权线性组合模型的算法进一步思考：在标准化时若采用不同的排序方法，是否会影响最终的计算结果？即是否会对适宜性高低的程度产生影响？

7.2.5　适宜性分析结果的评价

通过上步的叠加分析，能够获得适宜性分析图。适宜性分析图中，颜色最深（或最浅）的区域表示最适宜进行规划目标的区域，颜色最浅（或最深）的区域表示该区域最不适宜进行规划目标。评价是分析者、决策者、专家三方共同对适宜性分析结果的准确性进行估计，判断分析结果与实际情况的一致性，能否较好地反映客观现实。若适宜性分析结果能代表实际情况，可以继续进行之后的规划。若适宜性分析结果与现实情景存在差异甚至冲突，则需要重新审视整个适宜性分析过程，判断产生问题的原因，再次分析生成符合实际情况的结果。

7.3　应用案例：绿道的适宜性分析

7.3.1　案例背景

依据某特大城市的总体规划（2010—2020年），将AB岛建设成为该特大城市最大的旅游休闲区域，发展成现代化综合生态岛是总体规划的重要目标之一。为了实现这一目标，保护自然环境、减少自然灾害、提供更多休闲游憩空间是AB岛未来发展的当务之急。

然而，事实表明AB岛现有自然条件已不容乐观。有研究显示AB岛内目前的河流已受到了严重污染，其中39.6%的河流水质属于国家Ⅳ类水质标准，而农业非点源污染是水质下降的重要原因。有专家还指出，AB岛的东滩作为国家级鸟类自然保护区，随着未来东滩生态城的开发建设，人口密度和建筑用地的增加势必会减少鸟类栖息地，影响鸟类的栖息。同时，自然灾害频繁是AB岛面临的又一重要问题。由于其独特的地理位置，AB岛时常受咸水入侵、风暴潮、台风等自然灾害威胁。其中，尤以台风影响最大。统计显示，与其它自然灾害相比，台风发生频率最高，平均每年达2~3次，给AB岛带来了巨大的经济损失，甚至威胁人们生命安全。另一方面，据预测，在不容乐观的自然环境下，未来AB岛的旅游人数仍将会急剧上升，到2015年AB岛旅游人数将达450万，旅游人数的急剧上升将会对AB岛现有休闲游憩资源提出更高要求。

因此，如何减少农业非点源污染、减少人类活动对鸟类栖息地影响、减弱台风影响、提供更多休闲游憩空间是AB岛目前急需解决的问题。

绿道的规划可能有助于上述问题的解决。1987年绿道首次被美国户外游憩总统委员会（President's Commission on Americans Outdoor）认可，此后在全美乃至全球获得了飞速发展。Little（1990）将绿道定义为沿着自然廊道（如河岸、溪谷、山脊线）或转变为游憩用途的铁路沿线、河流、风景道或其它线路的线性开放空间；任何为步行或自行车设立的自然或景观道；一个连接公园、自然保护区、文化景观或历史遗迹之间及其聚落的开放空间；一些局部的公园道或绿化带。随着绿道的不断发展，其功能也在多样化。Fabos（2004）将绿道功能概括为三方面，即绿道是生态廊道或环境保护廊道、是休闲游憩廊道、是历史或自然文化保护廊道。当沿着河岸带分布，绿道能起到河流缓冲带功能，阻挡、过滤、吸收随地表径流纳入河流的污染物，保护河流；当沿着道路分布，构成道路绿化带，绿道能将各类公园、风景点、历史或自然文化点有机连接起来，为人们提供休闲游憩廊道，并能保护历史或自然文化；当位于自然保护区缓冲区或过渡区内，绿道还能发挥缓冲带功能，减少人类活动对保护区影响。

可见，绿道具有保护自然环境、防风减灾、休闲游憩等多重功能，它的规划必将有助于解决AB岛目前面临的问题。对此，AB岛政府部门委托对AB岛进行绿道规划，希望规划的AB岛绿道能达到减少农业非点源污染、减少人类活动对鸟类栖息地影响、减弱台风影响、提供更多休闲游憩空间的目标。同时，考虑到建设费用和土地所有权等相关问题，规划的绿道还应满足以下条件：① 道路绿道必须优先利用现有的道路网络系统（包括高速路、林荫道、乡村道路、大堤等），道路绿道宽度必须能满足徒步、骑自行车、自驾车等旅行者同时使用；② 河流绿道与防护林绿道规划必须优先考虑最容易受农业非点源污染和台风影响的区域。

本应用案例将采用多准则适宜性分析，对绿道规划的适宜性进行分析，得到岛域范围内规划绿道的适宜性优先等级，为绿道的划定提供依据。

7.3.2 理清分析思路

（1）明确规划的目标

依上所述，总目标是为AB岛规划绿道，适宜性分析的目标是获得岛域范围内绿道规划的适宜性优先等级。规划的绿道应具备减少农业非点源污染、减少人类活动对鸟类栖息地影响、减弱台风影响、提供更多休闲游憩空间的目标。显然，这是一个典型的多目标规划案例，规划出的绿道要发挥多重功能。

多准则的适宜性分析方法能很好的满足这种多目标规划，能系统结合社会、经济、自然三方面因素，从交织的目标、多种优先性中分析判断出规划要素的适宜性等级，从而更好帮助规划者和决策者科学解读如何达到所要求的规划目标。在本应用案例中，根据绿道要实现的目标功能，利用多准则适宜性分析方法，能减少绿道规划中的盲目性与随意性，确定最适宜或最需要规划绿道的区域，有针对性的划定绿道。

（2）理清分析的步骤

根据上一节介绍的多准则适宜性分析的步骤，可将多准则适宜性分析大致分为两个阶段：第一阶段是执行准备，包括要素选择、要素数据的准备、要素的标准化及权重确定几项步骤；第二阶段是在GIS中执行实施的阶段，包括数据整合、加权线性组合模型叠加分析、结果分析几项步骤。

7.3.3　多准则适宜性分析的执行准备

（1）选择要素

根据绿道减少农业非点源污染、减少未来人类活动对鸟类栖息地影响、减弱台风影响、提供更多休闲游憩空间的规划目标，选择了以下六要素：

① 农业非点源污染关键源区。农业非点源污染是指农田中残余农药或化肥随降雨和地表径流过程而流入受纳水体的过程，农业非点源污染关键源区则是指那些最容易遭受残余农药或化肥流失的农田。农业非点源污染关键源区的识别有助于将治理重点和有限的资源投入到非点源污染的关键区域，优先加强管理治理措施，大大降低农业非点源污染控制的难度。因此，选择关键源区指标作为适宜性分析要素有助于确定最需要规划绿道的区域，减少农业非点源污染，保护河流。为此，磷流失度指数（phosphorus index，PI）常常被用来确定识别农业非点源污染关键源区。PI值越高，表明区域内残余的农药或化肥越容易流失，表明其越需要规划绿道。反之，则表明残余农药流失风险越低，规划绿道的适宜性也越低；

② 台风受灾区。台风对AB岛影响情况可以从其造成的经济损失得到反映。此指标可以直接反映不同区域受台风影响情况。受台风影响严重的区域，经济损失越大，越需要或越适宜规划绿道以减少台风带来的损失；

③ 鸟类保护区。为了保护自然栖息地，常常将绿道规划于容易受未来发展威胁的区域。AB岛东滩鸟类自然保护区由核心区、缓冲区、过渡区、试验区组成，依据联合国教科文组织的保护策略，核心区是核心栖息地，应禁止人类活动，缓冲区和过渡区可以适当允许人类活动。选择此要素可以反映不同区域对绿道的需求程度，缓冲区与过渡区更适宜或需要规划绿道，以保护核心区。在很多案例研究中，绿道常位于保护区的缓冲区或过渡区，以减少人类活动对自然栖息地的影响；

④ 自然与历史文化场所。自然与历史文化点为人们提供活动场所，是旅游休闲等户外活动的目的地。绿道连接或通过自然与历史文化点不仅能提供更多休闲娱乐机会，而且有利于自然与历史文化保护；

⑤ 土地利用。绿道规划与土地利用类型密切相关，它对绿道休闲游憩功能发挥有重要影响。从全岛

尺度分析，AB岛的土地利用类型主要有农业用地（稻田、果园、菜地等）、居住用地、公园、湿地、森林等用地形式。居住用地、公园、湿地、森林等用地类型是人们休闲游憩活动的主要空间，为满足旅游休闲需要，绿道应经过或毗邻这些用地类型。同时，AB岛作为该地区主要粮食生产基地，绿道的规划不应侵占农业用地；

⑥ 人口密度。人口密度的分布对绿道休闲娱乐功能有影响。人口密度较高区域，较适宜或需要规划绿道，以满足人们户外活动需要。在适宜性分析中，市镇中居住区和商业区面积的面积百分比常被用来量化人口密度，能较好的反映人口密度分布。面积百分比越大，表示人口密度大，越需要规划绿道。

（2）数据准备

针对所选择的要素，找相关管理部门，获得了相关空间数据（表7-4）。

表7-4　相关数据获取来源

所选要素	数据来源	数据类型	备注
农业非点源污染关键源区	市农业局	地理空间数据	基于PI指数
台风受灾区	市气象局	地理空间数据	据近5年数据统计
鸟类保护区	湿地保护管理处	地理空间数据	
自然与历史文化场所	市旅游局	地理空间数据	
土地利用类型	市土地局	地理空间数据	
人口密度	市土地局	地理空间数据	2008年统计

（3）要素标准化

本研究采用间隔法对各单项要素进行标准化。邀请七位相关专业背景的专家（专业背景包括景观规划、GIS、环境保护、鸟类生态学、植被生态学）对所选各单项要素所含数据进行等级划分和排序。将单项要素分成0.8、0.6、0.4、0.2共4项等级值，确定要素中不同数据所处等级，等级值最高值为0.8，表示最适宜或最需要规划绿道；最低值为0.2，表示适宜度最低。所选要素标准化的结果见表7-5。

表7-5　选择要素及其标准化值

要素 Factor	等级分值 Capability scores	等级划分 Capability description
农业非点源污染关键源区	0.8	PI>22
	0.6	9<PI<22
	0.4	5<PI<9
	0.2	PI<5

要素 Factor	等级分值 Capability scores	等级划分 Capability description
台风受灾区	0.8	经济损失超过30000元/年
	0.6	10000元/年<经济损失<30000元/年
	0.4	经济损失不到10000元/年
	0.2	没有经济损失
鸟类保护区	0.8	过渡区内
	0.6	缓冲区内
	0.4	试验区内
	0.2	核心区内
历史与自然文化场所	0.8	历史与自然文化场所内
	0.6	
	0.4	
	0.2	历史与自然文化场所外
土地利用类型	0.8	公园、森林等绿地
	0.6	居住区
	0.4	农田
	0.2	无
人口密度	0.8	居住区和商业区面积在市镇中面积百分比大于20%
	0.6	居住区和商业区面积在市镇中面积百分比在3%~20%间
	0.4	居住区和商业区面积在市镇中面积百分比小于3%
	0.2	无

（4）确定要素权重

单项要素权重确定采用层次分析法。本应用案例中中，建立递阶层次结构后（层次结构如图7-4），通过七位专家的比较打分，形成两两比较的判断矩阵，利用Excel2003计算获得各单项要素的权重。最终获得的权重值见表7-6。

表7-6　所选要素赋予的权重值

功能 Function	要素 Factor	权重值 Weight values
环境保护功能	农业非点源污染关键源区	0.286
	台风受灾区	0.258
	鸟类保护区	0.149

续

功能	要素	权重值
Function	Factor	Weight values
休闲游憩功能	历史与自然文化场所	0.089
	土地利用类型	0.184
	人口密度	0.034

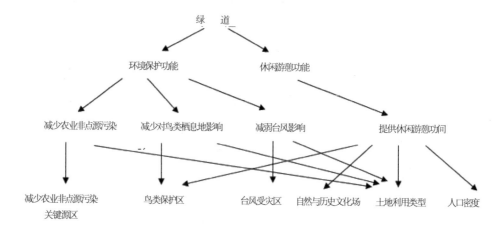

图7-4　AHP层次结构

7.3.4 多准则适宜性分析的执行过程

光盘Case_7中的initial_data文件夹包含有所选六项要素的相关数据。首先请在ArcCatalog中的某一本地磁盘新建Case_7文件夹，该文件夹内新建factor_folders要素文件夹、analysis_folder文件夹和factor_raster.geodatabase的geodatabase数据库，分别用于存放要素数据和生成的栅格数据。将光盘上的要素数据复制到factor_folders文件夹中。

（1）整合标准化值

a. 启动ArcMap，并加入population_density人口密度数据；

b. 浏览查看population_density数据的属性表，population_density记录了人口密度数据信息，该密度的计算方法是居住区和商业区面积在市镇中面积百分比；

c. population_density数据属性表中，options——Add Field新增字段——新增一个Name为capability的字段，专门用于记录标准化值，类型为Short Integer；

参照表7-5：

• 居住区和商业区面积在市镇中面积百分比大于20%，赋予标准化值为0.8；

• 居住区和商业区面积在市镇中面积百分比在3%至20%间，赋予标准化值为0.6；

• 居住区和商业区面积在市镇中面积百分比小于3%，赋予标准化值为0.4；

- 无，赋予标准化值为0.2；

对各记录进行标准化值的整合。具体方法是：

d. Options——Select by Attributes——选择的表达式为：[population_density] >20，图7-5——选中人口密度大于20%的记录——对准capability字段名——右键——Field Calculator——capability的值输入0.8——Ok，完成人口密度大于20%记录标准化值的输入（图7-6）；

e. 同样的方法，也分别对人口密度在3%~20%间、小于3%、无的记录分别赋予相应的0.6、0.4、0.2标准化值（图7-7）。

f. 重复上述操作，分别为P_risk（农业非点源污染关键源区）、dongtan_conservation（鸟类保护区）、typhoonrisk_area（台风受灾区）、recreational_sites（自然与历史文化场所）、landuse（土地利用类型）录入对应的标准化值。

至此，完成了对各要素数据标准化值的整合工作，接下来将以capability为value字段，将矢量数据转换成栅格数据。

（2）栅格数据的生成

a. ArcMap中当前显示数据为population_density人口密度数据；

b. Open Attribute Table打开属性表，查看capability字段下的标准化值信息，将以该字段为value字段转换成栅格数据；

c. ArcToolbox工具箱——Conversion Tools转换工具箱——To Raster转换为栅格工具集——Polygon to

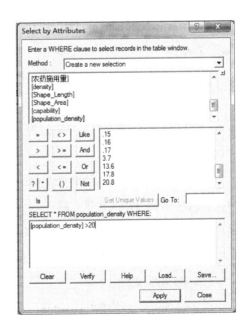

图7-5 选择[population_density] >20的记录

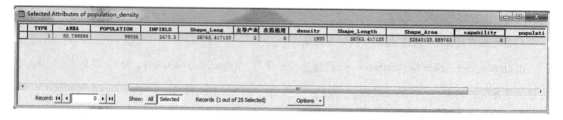

图7-6 定义标准化值为0.8

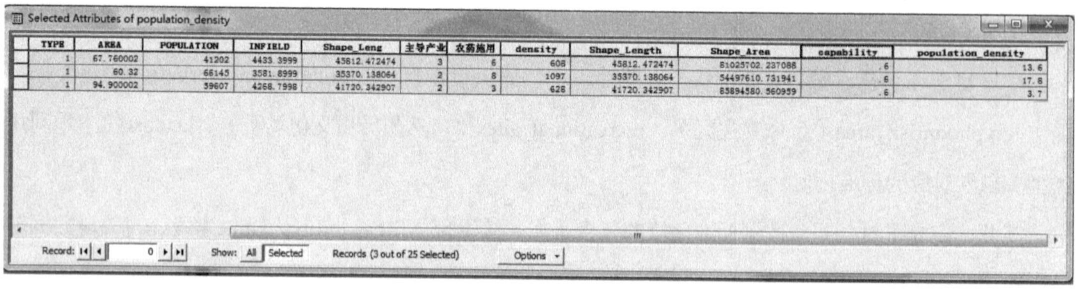

图7-7 定义标准化值为0.6

Raster多边形转换为栅格数据——弹出对话框（图7-8）：

• Input Features：输入需要进行转化的数据，这里为population_density数据；

• Value field：定义value字段，这里将存放标准化值的capability字段作为value field转换为栅格数据，作为加权线性组合模型的参数，满足后期栅格数据叠加计算的需要；

• Output Raster Dataset：指定输出栅格数据的存放位置，这里输出位置设置为Case_7/factor_raster.geodatabase；

• Cell assignment type：栅格像元的分配方式，为选填项，这里选择默认的CELL_CENTER方式；

• Priporiry field：优先字段，为选填项，这里为NONE；

• CELLsize：定义栅格像元的尺寸，为选填项，这里设置为5，表示栅格像元的尺寸大小为5m×5m——点击OK，转换成栅格数据；

d. 同样的方法，也分别将P_risk（农业非点源污染关键源区）、dongtan_conservation（鸟类保护区）、typhoonrisk_area（台风受灾区）、recreational_sites（自然与历史文化场所）、landuse（土地利用类型）转换成栅格数据，转换的value fields均为capability，CELLsize栅格像元大小均设为5m×5m。

至此，可获得各要素并记录有标准化值栅格数据，接下来可进行栅格数据的运算。

（3）栅格数据的叠加

a. ArcMap中，添加有Population_density（人口密度）、P_risk（农业非点源污染关键源区）、dongtan_conservation（鸟类保护区）、typhoonrisk_area（台风受灾区）、recreational_sites（自然与历史

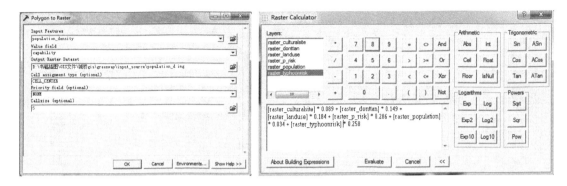

图7-8　Polygon to Raster对话框　　　　图7-9　输入叠加计算式

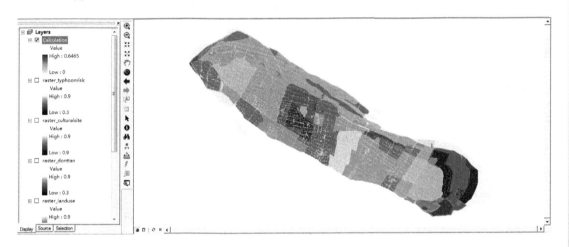

图7-10　叠加结果

文化场所）、landuse（土地利用类型）的栅格数据；

b. 调出Spatial Analyst空间分析工具条，Spatial Analyst下拉菜单——Raster Calculator栅格计算器对话框，根据加权线性组合模型的运算公式：

$$V_{(xi)} = \sum_j w_j r_{ij} \tag{7-11}$$

式中，w_j表示的是要素的权重值，该值的大小反映出该要素的相对重要性，各要素的权重值的总和为1，即$\sum w_j = 1$；r_{ij}表示要素内所包含数据的标准化值，结合之前确定的各要素的权重值（表7-6），输入相应的叠加计算式为：

Population_density × 0.034+P_risk × 0.286+dongtan_conservation × 0.149+typhoonrisk_area × 0.258+recreational_sites × 0.089+landuse × 0.184

如图7-9，点击Evaluate，进行叠加计算；

c. 生成适宜性分析图（图7-10），颜色越深表示适宜性程度越高，也就是需要优先进行绿道规划的区域。

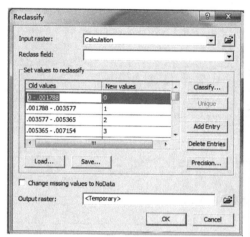

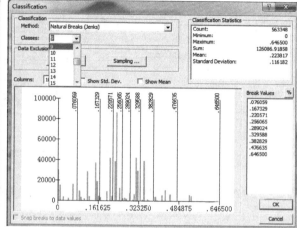

图7-11　Reclassify对话框　　　　　　图7-12　分类设置

　　d. Spatial Analyst空间分析工具条，Spatial Analyst下拉菜单——Reclassify重分类——可根据适宜性分析评价的结果，对适宜等级进行相应划分调整，弹出对话框（图7-11）：

- Input raster：指定输入栅格，这里为calculation；

- Reclass field：指定重分类字段，这里为value；

- Set values to reclassify：设置重分类值，Old values为旧值，即系统默认分类值，New values为新值，根据适宜性分析需要重新设定，点击手动输入即可。或者点击classify，弹出图7-12分类设置对话框，更直观的进行新值的设置；

- Output raster：指定输出栅格存放位置，指定输出位置为case_8/analysis_folder文件夹内。

　　至此，我们完成了绿道规划的适宜性分析，接下来还需要依据绿道适宜性分析的结果，进行绿道的划定工作。至此，适宜性分析技术也就应用完成。

7.4　本章小结

　　适宜性分析方法至今已有百年的发展历史。本章详细介绍了一种多准则适宜性分析方法，它在景观规划领域有着广泛的应用。多准则适宜性分析方法的步骤主要包括：

　　① 要素选择；

　　② 数据准备；

　　③ 要素标准化及确定权重；

　　④ 数据整合与GIS叠加分析；

⑤ 适宜性分析结果评价；

需要特别指出的是，其叠加分析的原理是基于加权线性组合模型，

$$V_{(xi)} = \sum_j w_j r_{ij}$$

（7-12）

式中，w_j 表示的是要素的权重值，该值的大小反映出该要素的相对重要性，各要素的权重值的总和为 1，即 $\sum w_j = 1$；r_{ij} 表示要素内所包含数据的标准化值。

多准则适宜性分析在ArcGIS中的实现过程是基于栅格数据的叠加分析。选择好相应的要素后，对各要素包含的类型进行标准化处理，并以标准化值为field字段，将矢量数据转换为栅格数据。利用Raster Calculator栅格计算器工具，对各要素进行基于加权线性组合模型的叠加，从而获得适宜性分析结果。

推荐阅读书目

1. Kennedy, M. ArcGIS地理信息系统基础与实训[M]. 第2版. 蒋波涛, 袁娅娅, 译. 北京: 清华大学出版社, 2011.

2. 牛强. 城市规划GIS技术应用指南[M]. 北京: 中国建筑工业出版社, 2012.

3. Du, Q., Zhang, C., Wang, K. Y. Suitability Analysis for Greenway Planning in China: An Example of Chongming Island[J]. Environmental Management, 2012, 49(1): 96-110.

4. Fabos, J. G. Greenway planning in the United States: its origins and recent case studies[J]. Landscape and Urban Planning, 2004, 68(2-3): 321-342.

5. Yu, K. J., Li, D. H., Li, N. Y. The evolution of Greenways in China[J]. Landscape and Urban Planning, 2006, 76(1-4): 223-239.

6. Hellmund, P. C., Smith, D. Designing Greenways: Sustainable Landscapes for Nature and People[M]. Island Press, 2006.

7. Jongman, R. H. G., Kulvik, M., Kristiansen, I. European ecological networks and greenways[J]. Landscape and Urban Planning, 2004, 68(2-3): 305-319.

8. Miller, W., Collins, M. G., Steiner, F. R., Cook, E. An approach for greenway suitability analysis[J]. Landscape and Urban Planning, 1998, 42(2-4): 91-105.

9. Conine, A., Xiang, W. N., Young, J., Whitley, D. Planning for multi-purpose greenways in Concord, North Carolina[J]. Landscape and Urban Planning, 2004, 68(2-3): 271-287.

第8章　景观格局指数分析技术

随着景观生态学的发展，景观规划设计师们逐渐发现伊恩·麦克哈格（Ian McHarg）的"千层饼模式"只强调垂直的自然过程，即发生在某一景观单元内的生态关系，而忽视了水平生态过程，即发生在景观单元之间的生态流。现代的景观规划理论引进景观生态学的思想和方法，实现景观生态学与规划的结合被认为是走向可持续规划最令人激动的途径，也是在一个可操作界面上实现人地关系和谐的最合适的途径，已引起全球科学家和景观规划师们的极大关注。

景观生态规划（landscape ecological planning）是指运用景观生态学原理，以区域景观生态系统整体优化为基本目标，在景观生态分析、综合和评价的基础上，建立区域景观生态系统优化利用的空间结构和模式。景观生态规划是继麦克哈格的"自然设计"之后，又一次使规划方法论在生态规划方向上发生了质的飞跃。如果说麦克哈格的自然设计模式据弃了追求人工的秩序（orderliness）和功能分区（zoning）的传统规划模式而强调各项土地利用的生态适应性（suitability and fitness）和体现自然资源的固有价值，景观生态规划模式则强调景观空间格局（pattern）对过程（process）的控制和影响，并试图通过格局的改变来维持景观功能流的健康与安全，它尤其强调景观格局与水平运动和流（movement and flow）的关系。

8.1　景观格局的相关概念

为什么要研究景观格局呢？简而言之，空间格局影响生态学过程（如动物行为、生物多样性和生态系统过程等）。因为格局与过程往往是相互联系的，我们可以通过研究空间格局来更好地理解生态学过程，因为结构一般比功能容易研究，如果可以建立两者间的可靠关系，那么，在实际应用中格局的特征可用来推测过程的特征（如利用景观格局特征进行生态监测和评价）。举例来说，研究已经表明，城市绿地的空间格局能影响城市的热岛效应。在城市绿地系统规划中，我们可以利用绿地空间格局与城市热岛效应的关系，通过对绿地空间格局的优化调控来减弱城市的热岛效应。

景观格局，一般是指其空间格局，即大小和形状各异的景观要素在空间上的排列和组合，包括景观组成单元的类型、数目及空间分布与配置。它是景观异质性的具体体现，又是各种生态过程在不同尺度上作用的结果。强调水平过程与景观格局之间的相互联系，研究多个生态系统之间的空间格局及相互之间的生态关系，包括物质流动、物种流、干扰的扩散等，并用一个基本的模式"斑块（patch）—廊道（corridor）—基质（matrix）"来分析和改变景观。

"斑块—廊道—基质"是景观生态学用来解释景观结构的基本模式，普遍适用于各类景观，包括森林、农业、草原、郊区和城市等景观类型。斑块是景观研究的最小单位，其具有内部同质性与外部异质性的特点。廊道是线性的景观单元，具有通道和阻隔的双重作用。廊道将一个景观区域分割为若干部分，同时也将若干景观区域连接为一个景观整体。廊道又可分为线状廊道、带状廊道和河流廊道，这三种廊道的线性带宽依次增大。景观是由若干类型的景观要素组成，其中面积最大、连通性最好的景观要素类型就是基质。景观中任意一点或是落在某一斑块内，或是落在廊道内，或是在作为背景的基质内。运用这一基本语言，景观生态学探讨地球表面的景观是怎样由斑块、廊道和基质所构成的，如何来定量、定性地描述这些基本景观要素的形状、大小、数目和空间关系。以及这些空间属性对景观中的运动和生态流有什么影响。仍以城市热岛效应为例，如方形绿地斑块和圆形绿地斑块分别对城市的热岛效应有什么不同影响；大面积绿地斑块和小面积绿地班块对城市热岛效应各有什么利与弊；弯曲的、直线的、连续的或是间断的绿色廊道对城市热能和风能流动有什么不同的影响等。

斑块—廊道—基质这一模式为比较和判别景观结构。分析结构与功能的关系和改变景观提供了一种通俗、简明和可操作的语言。这种语言和景观规划师及决策者所运用的点-线-面语言尤其有共通之处，因而景观生态学的理论与观察结果很快可以在规划中被应用，这也就是为什么景观生态规划能迅速在规划设计领域内获得共鸣的原因之一。

目前，遥感、地理信息系统等计算机技术为研究斑块—廊道—基质这一景观格局变化提供了技术支撑。遥感技术可以快速、准确地提取多尺度的景观格局分布信息；地理信息系统的空间分析为景观格局分析和模拟，尤其是物理、生物和人类活动过程相互之间的负责关系提供了一种极为有效的工具。景观格局分析中可以应用GIS空间分析的若干方法来进行研究，例如，不同类型斑块间的空间关系，不同景观单元之间的距离、连通性、邻接性等，以及可以进行景观格局对复杂生态过程的分析、模拟和影响程度评价。总之，遥感、地理信息系统与景观生态学理论共同形成了对多尺度生态系统空间格局进行研究的独特研究模式，而利用景观指数对景观空间格局进行定量化研究是这种研究模式的基本内容。

8.2　常用景观格局指数

景观指数是指能够高度浓缩景观格局信息，反映其结构组成和空间配置某些方面特征的简单定量指标。景观格局特征可以在3个层次上分析：① 单个斑块（individual patch）；② 由若干单个斑块组成的斑块类型（patch type）；③ 包括若干斑块类型的整个景观镶嵌体（landscape mosaic）。因此，景观格局指数亦可相应地分为斑块水平指数（patch-level index）、斑块类型水平指数（class-level index）以及景观水平指数（landscape-level index）。

斑块水平指数本身对了解整个景观的结构并不具有很大的解释价值，但可能提供有用的信息，往往作为计算其他景观指数的基础。斑块水平上的指数包括与单个斑块面积、形状、边界特征以及距其他斑块远近有关的一系列简单指数。

在斑块类型水平上，因为同一类型常常包括许多斑块，所以可相应地计算一些统计学指标（如斑块的平均面积、平均形状指数、面积和形状指数标准差等）。如斑块密度、边界密度、斑块镶嵌体形状指数、平均最近邻体指数等。

在景观水平上，除了以上各种斑块类型水平指数外，还可以计算各种多样性指数（如Shannon—Weaver多样性指数、Simpson多样性指数、均匀度指数等）和聚集度指数。

下面，对景观格局研究中常用的景观指数进行介绍：

（1）斑块面积

斑块面积是计算其他景观空间特征指标的基础，是景观格局最基本的空间特征，计算公式为：

$$PA = \sum_{j=1}^{n} a_{ij} \left(\frac{1}{10000} \right)$$ （8-1）

式中，PA 为斑块面积；n 为斑块个数；a_{ij} 为第 i 类景观要素中第 j 个斑块的面积；10000是一个度量单位调整量，将计算结果数值的单位从平方米转换到公顷。

（2）斑块密度

反映景观的破碎化程度，同时也能反映出景观空间异质性程度。斑块密度越大，表明破碎化程度越高，空间异质性程度也就越大。

$$PD = \frac{N}{A}$$ （8-2）

式中，PD 为斑块密度，每平方千米（100hm^2）的斑块数；N 为斑块数量，A 为某类景观面积。

（3）斑块数量

表示某一研究区域景观中，斑块的总体数量和单一景观类型的斑块数量

$$NP = N$$ （8-3）

式中，NP 为单一景观类型的斑块数量；N 为景观要素的类型数。

（4）平均斑块分维

分维数用来测定斑块形状的复杂程度，对于单个斑块而言

$$MPFD = \frac{\sum_{i=1}^{m} \sum_{j=1}^{n} \left[\frac{21n(0.25P_{ij})}{1n(a_{ij})} \right]}{N}$$ （8-4）

2乘以景观中每一斑块的斑块周长（m）的对数，0.25为校正常数，除以斑块面积（m^2）的对数，对所有斑块加和，再除以斑块总数。取值范围：$1 \leqslant MPFD \leqslant 2$。也就是说，$MPFD$ 是景观中各个斑块的分维数相加后再取算术平均值。

（5）优势度指数

优势度指数用于测度景观多样性对最大多样性的偏离程度，或描述景观由少数几个主要的景观类型控制的程度。可用景观百分比来表示景观优势度，指数值在0~100之间，优势度为0，表示组成景观的各种景观类型所占比例相等；优势度为100，表示景观完全均质，即由一种景观类型组成。

$$P_i = \sum_{i=1}^{n} a_{ij} / A \times 100 \qquad （8\text{-}5）$$

式中，P为景观类型i所占景观比例（%）；a_{ij}为斑块ij的面积（m^2），A为景观总面积（m^2）

（6）平均斑块大小

$$MPS_i = \frac{\sum_{j-1}^{n} PA_j}{N} \qquad （8\text{-}6）$$

式中，MPS_i是指类型i的平均斑块大小；PA_j是景观中所有斑块的总面积；N是斑块总数。

（7）分维数

分维或分维数（fractal dimension）可以直观地理解为不规则几何形状的非整数维数。而这些不规则的非欧几里德几何形状可通称为分形（fractal）。不难想象，自然界的许多物体，包括各种斑块及景观，都具有明显的分形特征。

对于单个斑块而言，其形状的复杂程度可以用它的分维数来量度。斑块分维数可以下式求得：

$$F_d = 2\ln\left(\frac{P}{k}\right) / \ln(A) \qquad （8\text{-}7）$$

式中，P是斑块的周长；A是斑块的面积；F_d是分维数；k是常数。对于栅格景观而言，$k=4$。一般来说，欧几里德几何形状的分维为1，具有复杂边界斑块的分维则大于1，但小于2。

（8）边界密度

$$ED = \frac{E}{A} 10^6 \qquad （8\text{-}8）$$

式中，ED为边界密度；E为斑块边界总长度（m）；A为景观总面积（m^2）；再乘以10^6转化成平方千米，取值范围：$ED \geqslant 0$，无上限。

（9）斑块形状指数

一般而言，形状指数通常是经过某种数学转化的斑块边长与面积之比。结构最紧凑而又简单的几何形状（如圆或正方形）常用来标准化边长与面积之比，从而使其具有可比性。具体地讲，斑块形状指数是通过计算某一斑块形状与相同面积的圆或正方形之间的偏离程度来测量其形状复杂程度的。常见的斑块形状指数S有两种形式：

$$S = \frac{P}{2\sqrt{\pi A}}（以圆为参照几何形状）\tag{8-9}$$

$$S = \frac{0.25P}{\sqrt{A}}（以正方形为参照几何形状）\tag{8-10}$$

式中，P是斑块周长；A是斑块面积。当斑块形状为圆形时，式（8-9）的取值最小，等于1；当斑块形状为正方形时，式（8-10）的取值最小，等于1。对于式（5-1）而言，正方形的S值为1.1283，边长分别为1利2的长方形的S值为1.1968。由此对见，斑块的形状越复杂或越扁长，S的值就越大。

（10）最大斑块指数

最大斑块指数的公式为

$$LPI = \frac{Max_{(a_1, \cdots, a_n)}}{A} \times 100\tag{8-11}$$

式中，a_1，a_2，$\cdots$，a_n为各斑块的面积；A为景观总面积；LPI取值范围为0~100。

（11）Shannon多样性指数

$$H = -\sum_{k=1}^{n} P_k \times 1n(P_k)\tag{8-12}$$

式中，P_k是斑块类型k在景观中出现的概率（通常以该类型占有的栅格细胞数或像元数占景观栅格细胞总数的比例来估算）；n是景观中斑块类型的总数。

（12）Simpson多样性指数

$$H' = 1 - \sum_{k=1}^{n} P_k^2\tag{8-13}$$

式中，各项定义同前。多样性指数的大小取决于两个方面的信息：一是斑块类型的多少（即丰富度），二是各斑块类型在面积上分布的均匀程度。对于给定的n，当各类斑块的面积比例相同时（即$P_k = 1/n$），H达到最大值（Shannon多样性指数：$H_{max} = \ln(n)$；Simpson多样性指数$H'_{max} = 1 - (1/n)$。通常，随着H的增加，景观结构组成的复杂性也趋于增加。

（13）景观均匀度指数

景观均匀度指数的公式为：

$$SHEI = \frac{-\sum_{i=1}^{m} P_i \times 1nP_i}{1nm}\tag{8-14}$$

式中，SHEI为均匀度；P_i为类型i在整个景观中所占的面积比例，m为景观中斑块类型的总数；$\ln m$为式中分子的最大取值，也就是SWD的最大值。该指标只适用于景观水平，取值范围为0~1，取值越低，各类型所占面积比例差异越大；越接近1，则类型间的面积比例越接近。

（14）景观优势度指数

优势度指数D是多样性指数的最大值与实际计算值之差。其表达式为：

$$D = H_{max} + \sum_{k=1}^{m} P_k 1n(P_k) \qquad （8-15）$$

式中，H_{max}为多样性指数的最大值；P_k为斑块类型k在景观中出现的概率，m为景观中斑块类型的总数。通常，较大的D值对应于一个或少数几个斑块类型占主导地位的景观。

（15）景观聚集度指数

景观聚集度指数C的一般数学表达式如下：

$$C = C_{max} + \sum_{i=1}^{n} \sum_{j=1}^{n} P_{ij} 1n(P_{ij}) \qquad （8-16）$$

式中，C_{max}为聚集度指数的最大值[21n（n）]；n为景观中斑块类型总数；P_{ij}为斑块类型i与j相邻的概率。

（16）景观丰富度指数

景观丰富度R是指景观中斑块类型的总数，即：

$$R = m \qquad （8-17）$$

式中，m为景观中斑块类型数目。

在比较不同景观时，相对丰富度（relative richness）和丰富度密度（richness density）更为适宜，即：

$$R_r = \frac{m}{m_{max}} \qquad （8-18）$$

$$R_d = \frac{m}{A} \qquad （8-19）$$

式中，R_r和R_d分别为相对丰富度和丰富度密度；m_{max}为景观中斑块类型数的最大值；A为景观面积。

景观指数是能够高度浓缩景观格局信息，反映其结构组成和空间配置某些方面特征的定量化指标。虽然GIS具有强大的管理和分析空间数据的能力，但由于景观格局涉及面广，景观指数类型多，意义各有特色，所以现今的大部分研究中都对GIS管理和分析景现格局的部分功能进行了延伸，形成了基于GIS的各种独具特色的景现指数软件包，如r11e软件包、SPAN软件包和Fragstats软件包。

Fragstats软件包是由美国俄勒冈州立大学森林科学系开发的，是一个定量分析景观结构组成和空间格局的计算机程序，该软件最新版本所能计算的景观指数超过了60个，是现在最为常用的景观指数软件包。该软件可以网上免费下载（http://www.umass.edu/1andeco/research/fragstats/fragstats.html），其特点在于是可以与ArcGIS相结合。Fragstats是一个定量分析景观结构组成和空间格局的计算机程序。Fragstats可以在3个层次上计算一系列景观格局指数：斑块水平、斑块类型水平和景观水平指数。在使用Fragstats时，用于分析的景观是由使用者来定义的，它可以代表任何空间现象。使用者必须根据景观数据的特征和所需解决的问题合理地选择所分析景观的幅度和粒度，并进行适当的斑块分类及其边界的确定。我们将在第三节的应用案例中，将结合ArcGIS，使用Fragstats进行景观格局指数分析。

8.3　应用案例：土地利用类型景观格局指数分析

8.3.1　案例背景

同第10章。省政府国土规划部门要研究近30年（1980—2010年）某区域范围土地利用类型的变化，重点分析人类活动情况（主要是指农业用地和城镇建设）对原有天然森林的影响情况。国土规划部门依据研究区域实际情况，将土地利用类型定义为农业用地、城镇建设用地、森林用地、水系四类用地类型。所选择的时间分析阶段以10年为一阶，分别为1980年、1990年、2000年、2010年，通过这四个时间段四类土地利用类型的变化分析人类活动对原有天然森林的影响。

本案例中，将以2000年土地利用类型为分析对象，介绍如何利用Fragstats进行土地利用类型景观格局指数的分析。

8.3.2　景观格局指数的分析步骤

基于遥感影像解译数据进行土地利用类型景观格局指数的分析，步骤比较简单，主要可分为两步：

（1）数据转换

Fragstats进行景观格局指数的分析，需要以栅格数据进行格局指数的统计计算。因此，需要将解译后的矢量数据转换成栅格数据。本应用案例将以第10章解译的2000年遥感影像数据为基础，将ArcGIS中的shapefile数据转换成raster栅格数据。

（2）利用Fragstats进行景观格局指数分析

用于分析的景观是由使用者来定义的，它可以代表某一空间问题或现象。本例中，主要选用斑块类型水平以及景观水平对2000年土地利用类型景观格局指数进行分析。在斑块类型水平上，选用斑块个数（number of patches，NP）、斑块密度（patch density，PD）、最大斑块指数（LPI）、聚合度指数（AI）等景观指数；在景观水平上计算的景观指数，选用了景观丰富度指数（landscape richness index）、景观形状指数（LSI）、Shannon多样性指数（SHDI）、Simpson多样性指数、景观优势度指数（landscape dominance index）、景观均匀度指数（landscape evenness index）等景观指数。

8.3.3 景观格局指数分析的技术实现过程

（1）数据转换

a. ArcToolbox下——Conversion Tools转换工具——To Raster——Feature to Raster要素转换为栅格——弹出对话框：Input features：输入要转换的要素，这里选择第10章解译好的landuse2000数据；Field：要进行景观格局指数的分析，需要以记录有土地利用类型分类的属性字段进行转换；这里选择Type_ID，该属性字段下记录了土地利用类型的分类；Output raster：指定输出栅格的存放位置；Output cell size：定义输出栅格的尺寸，这里定义为5m，后点Ok；

b. 以土地利用类型为关键字段，栅格的形式输出了土地利用类型的信息，Fragstats可以对通过这些具有分类信息的栅格数据，进行指数分析。

（2）Fragstats分析

a. 启动Fragstats，弹出界面如图8-1；

b. 菜单栏Fragstats——选择set run parameters——打开Run parameters对话框（图8-2）；

• Input Data Type：选择输入进行格局指数分析的数据类型，有Arc Grid、ASCII、8 Bit Bina、16 Bit Bina、32 Bit Bina、ERDAS、INRISI几类，本案例中，我们分析的数据源是基于ArcGIS的遥感解译数据，这里选择ArcGrid，表示栅格数据；

• Grid name：加入需要分析的栅格数据，这里可选择读者在第10章中自己解译出的土地利用类型数据，也可以从光盘中附有的Case_8/initial_data/landuse2000.grid数据；

• Output file：指定输出文件存放位置；

• Output Statistics：定义输出格局指数的类型，有Patch Metrics斑块水平、Class Metrics斑块类型水平、Landscape Metrics景观水平三类。本案例中，我们勾选Class Metric斑块类型水平、Landscape Metric景观水平；

• 设置完成后，点击OK；

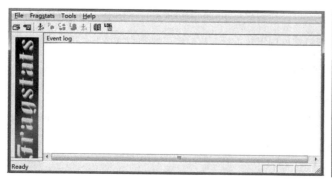

图8-1 Fragstats主界面

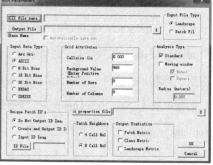

图8-2 Run Parameters参数运行对话框

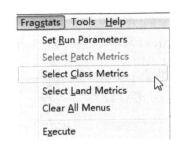

图8-3 选择斑块水平类指标和景观水平类指标

※*说明：使用Fragstats进行指数分析，待分析的数据的存储路径不能过长，越短越好。若过长常常无法找到数据，提示"can not load file……"。一般来说，为了减少出错，常将待分析数据直接存放于某磁盘的根目录下。*

c. 菜单栏Fragstats——上步设置完成后，Select Class Metrics、Select Land Metrics呈高亮显示，可以选择各类型下的景观格局指数（图8-3）；

d. 菜单栏Fragstats——Select Class Metrics选择斑块类型水平的指数——弹出对话框（图8-4）；

包括Area/Density/Edge（面积密度边界指标）、Shape（形状指标）、Core Area（核心面积指标）、Isolation/Proximity（邻近度指标）、Contrast（对比度指标）、Contagion/Interspersion（聚散性指标）、Connectivity（连通性）七项选项卡，参考之前确定的斑块个数（number of patches，NP）、斑块密度（patch density，PD）、最大斑块指数（LPI）、聚合度指数（AI）等格局指数，在相关选项卡下，在所要计算的指标前的方框中打"√"，勾选目标格局指数——点击确定；

e. 菜单栏Fragstats——Select Land Metrics选择景观类型水平的指数——弹出对话框（图8-5）；

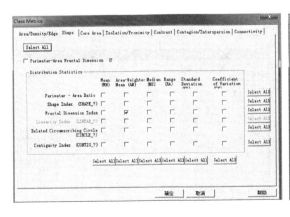

图8-4 斑块水平类指标选项对话框

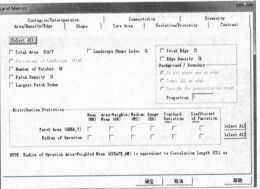

图8-5 景观水平类指标选项对话框

景观类型指数下包括：Area/Density/Edge（面积密度边界指标）、Shape（形状指标）、Core Area（核心面积指标）、Isolation/Proximity（邻近度指标）、Contrast（对比度指标）、Contagion/ Interspersion（聚散性指标）、Connectivity（连通性）、Diversity（多样性）八项选项卡，勾选所需要进行计算的指数——单击确定；

f. Fragstats主界面——点击 Execute（执行）图标（图8-6）——弹出计算完成提示框（图8-7）——指数计算完成；

g. Fragstats主界面——点击 Browse Results（浏览）图标（图8-8）——弹出计算结果浏览图（图8-9）——点击左下角Patch（斑块水平指标）、Class（斑块水平类指标）、Land（景观水平类指标），可查看之前选定指标的计算结果；

h. 指标计算结果保存在之前2步中指定的Output file文件输出位置。找到后，可用记事本打开，查看计算结果。

以上我们以2000年土地利用类型数据为例，得到了2000年土地利用类型格局指数的值。同样的方法可分别得到该区域不同时间阶段土地利用在斑块类型水平和景观水平的一些景观指数。可以分别作出这些指数随时间阶段的变化曲线图、直方图等统计图，分析景观指数的变化特征和趋势，进而结合社会经

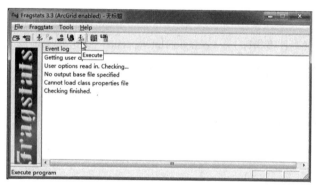

图8-7　计算完成提示框

图8-6　Execute执行计算

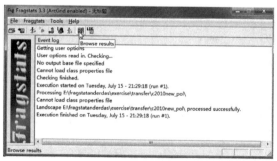

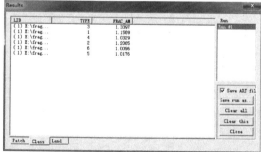

图8-8　Browse results浏览计算结果　　　图8-9　查看计算结果

济数据等辅助信息来分析景观格局变化的驱动力，以及土地利用类型、面积变化的影响因素。景观格局分析能为后续的规划或研究提供定量的依据。

8.4　本章小结

景观格局分析扩大了GIS空间分析的应用领域。目前，在景观规划行业已得到了很好的应用，需要进一步了解可阅读本章推荐阅读书目3~6。需要特别指出的是，同ArcGIS软件一样，指数的现实含义不可能编入Fragstats软件包中，关于格局指数背后的各种信息与含义，需要规划者或研究者"透过现象看本质"，即结合目标对象和专业知识，进行解读。

推荐阅读书目

1. 邬建国. 景观生态学：格局、过程、尺度与等级[M]. 北京: 高等教育出版社, 2000.

2. 肖笃宁, 李秀珍, 高峻, 常禹, 李团胜. 景观生态学[M]. 北京: 科学出版社, 2003.

3. Li, X. M., Zhou, W. Q., Ouyang, Z. Y., Xu, W. H., Zheng, H. Spatial pattern of greenspace affects land surface temperature: evidence from the heavily urbanized Beijing metropolitan area, China[J]. Landscape Ecology, 2012, 27(6): 887-898.

4. Kumar, M., Mukherjee, N., Sharma, G. P., Raghubanshi, A. S. Land use patterns and urbanization in the holy city of Varanasi, India: a scenario[J]. Environmental Monitoring and Assessment, 2010, 167(1-4): 417-422.

5. Kong, F. H., Nakagoshi, N., Yin, H. W., Kikuchi, A. Spatial gradient analysis of Urban green spaces combined with landscape metrics in Jinan city of China[J]. Chinese Geographical Science, 2005, 15(3): 254-261.

6. Leitao, A. B., Ahern, J. Applying landscape ecological concepts and metrics in sustainable landscape planning[J]. Landscape and Urban Planning, 2002, 59(2): 65-93.

第9章 地图数字化技术

细心的读者会发现，本书所介绍应用案例中的数据大部分已经是基于GIS的数据或其他类型格式的矢量数据。但往往在实际的景观规划过程中，我们常常很难直接从甲方或者委托方获取到能够直接使用的GIS数据。通常甲方或委托方能提供的多是传统纸质的地图数据。因此，在根据规划目标开始进行空间分析之前，需要进行GIS数据的采集获取。对于景观规划相关领域来说，主要的GIS数据源包括地图、遥感影像数据、社会经济数据、研究实测数据等。本章将着重介绍GIS的数据源为纸质地图时，如何获取相关的GIS数据。下一章将着重针对GIS数据源为遥感影像数据，介绍如何提取相关的GIS数据。

9.1 GIS数据的获取与地图数字化

地图数字化作为最基本的数据采集方法，它是指把传统的纸质或其他材料上的地图（模拟信号）转换为计算机可识别的图像数据（数字信号）的过程，以便进一步在计算机中进行存储、分析和输出。在本书中是指转换成ArcGIS中的图像数据，以便进行空间分析和输出。

各种类型的地图是GIS最主要的数据源，因为地图是地理数据的传统描述形式，包含着丰富的内容，不仅含有实体的类别或属性，而且实体的类别或属性可以用各种不同的符号加以识别和表示。目前国内大多数的GIS系统，其图形数据大部分来自地图，主要包括普通地图、地形图和专题图。但由于地图以下的特点，应用时需加以注意：① 地图存储介质的缺陷。地图多为纸质，由于存放条件的不同，都存在不同程度的变形，在具体应用时，需对其进行纠正；② 地图现势性和时效性较差。由于传统地图更新需要的周期较长，造成现存地图的现势性不能完全满足实际的需要；③ 地图投影的转换。由于地图投影的存在，使得不同地图投影的地图数据在进行数字化前，需先进行地图投影的转换。

地图数字化过程中数据的采集包括空间几何数据的采集和属性数据的采集。

9.1.1 几何数据的采集

几何数据的采集主要借助数字化仪。数字化仪是一种读取图形坐标数据的设备。广义的数字化仪包括有手扶跟踪数字化仪和扫描仪。

（1）使用手扶跟踪数字化仪

地图数字化可采用手扶跟踪数字化仪进行几何数据采集。常见的手扶跟踪式数字化仪是电磁感应式数字化仪，它是利用电磁感应原理检测出图形坐标数据。主要由游标线圈（定位器）、工作桌面（包括铺设其下的栅格阵列导线）以及电子部件、微处理器和输出装置等组成。其中，游标线圈是一个电磁发射源，铺有栅格阵列导线的工作桌面则接收游标线圈的发射信号，电子部件和微处理器把游标线圈在工作桌面上的位移量转换成x，y坐标值，最后经由输出装置输入计算机，从而完成工作桌面上任意图形的数字化功能。这种方式数字化的速度比较慢，工作量大，自动化程度低，数字化精度与作业员的操作有很大关系，所以目前应用已不是十分广泛。

（2）扫描数字化

目前，地图数字化一般采用扫描矢量化（或称扫描矢量化）的方法。根据地图幅面大小，选择合适规格的扫描仪，对纸质地图扫描生成栅格图像。然后在经过几何纠正之后，即可进行矢量化。

扫描获得的是栅格数据. 一般还存在着噪声和中间色调像元的处理问题。噪声是指不属于地图内容的斑点污渍和其他模糊不清的东西形成的像元灰度值。噪声范围很广，没有简单有效的方法能加以完全消除，有的软件能去除一些小的脏点，但有些地图内容如小数点等和小的脏点很难区分。对于中间色调像元，则可以通过选择合适的阈值选用一些软件等来处理，如Photoshop。

对栅格图像的矢量化有软件自动矢量化和屏幕鼠标跟踪矢量化两种方式。软件自动矢量化工作速度较快、效率较高，但是由于软件智能化水平有限，其结果最终仍然需要再进行人工检查和编辑。屏幕鼠标跟踪矢量化方法其作业方式与数字化仪基本相同，仍然是手动跟踪，但是数字化的精度和工作效率得到了显著的提高。

9.1.2　属性数据的采集

属性数据又称为语义数据、非几何数据. 是描述实体数据的属性特征的数据，包括定性数据和定量数据。定性数据用来描述要素的分类或对要素进行标名，如行政区划名称、土地利用类型等。定量数据是说明要素的性质、特征或强度的，如高程、距离、面积、人口、产量、收入、流速以及温度、地质条件和土壤条件等。如社会经济数据、实测数据就是常见的属性数据。

当属性数据的数据量较小时，可以在输入几何数据的同时，通过键盘输入；但当数据量较大时，一般与几何数据分别输入，并检查无误后转入到数据库中。属性数据的录入有时也可以辅助于字符识别软件。

为了把空间实体的几何数据与属性数据联系起来，还必须在几何数据与属性数据之间建立公共标识符，标识符可以在输入几何数据或属性数据时手工输入，也可以由系统自动生成（如用顺序号代表标识符）。只有当几何数据与属性数据有共同的数据项时，才能将几何数据与属性数据自动地连接起来；当几何数据或属性数据没有公共标识码时，只有通过人机交互的方法，如选取一个空间实休，再指定其对应的属性数据表来确定两者之间的关系,同时自动生成公共标识码。

不论是在几何数据与属性数据连接之前或之后，GIS都能提供灵活而方便的手段，以对属性数据进行增加、删除、修改等操作。当空间实体的几何数据与属性数据连接后，就可进行各种GIS的操作与运算。

针对目前应用较为普遍的扫描数字化的方法，本章之后的内容将着重介绍扫描数字化及其属性数据采集的方法。

9.2 扫描数字化的原理与步骤

在扫描数字化时，首先要选择合适的地图投影和建立适当的坐标系。没有合适的投影或坐标系的空间数据不是一个好的空间数据，甚至是没有意义的空间数据，因为这种数据不含实际地理意义。

9.2.1 投影与坐标系

当把地球上的物体按地理位置转绘到平面上时，必然会产生变形，投影是用于减少这种变形的一种方法。地图投影的实质是建立地球球面上的点与平面上的点的对应关系。所有的投影都会引起某种变形，采用哪种投影主要取决于实际需要。每一种投影都与一个坐标系相联系。对于那些大比例尺地图（如1：2000或更大），由于不含投影变换，我们称为非地球地图（Non-earth map）。非地球地图虽然没有投影变换，但却有自己的坐标系统，图中每一个对象都有共同的参照系和量算单位。

9.2.2 坐标变换和最小二乘法

GIS空间数据的采集、处理和输出等过程中都进行着空间坐标变换。空间坐标变换是指将地理实体在一个坐标系中的坐标(x, y)通过某种对应法则，转换成另一个坐标系中的坐标(x', y')的过程。即：

$$\begin{cases} x' = f_1(x, y) \\ y' = f_2(x, y) \end{cases} \quad (9\text{-}1)$$

解算这种对应法则有两种方法：一种是解析法，这是在知道投影公式或坐标变换公式的情况下，直接利用变换公式进行解算。GIS中图形的缩放、平移、旋转及三维变换等操作中都使用这种变换；另一种是数值变换法，这种方法主要用于地图的数字化。最小二乘法是最为常用的数值变换法。

利用最小二乘法进行坐标变换的基本思想是：先用一组线性多项式拟合坐标变换公式，在地图上选取若干控制点，获取控制点的栅格图像坐标和实际地理坐标，然后利用这组坐标值，根据最小二乘法原理解算出多项式的系数。这样在地图扫描数字化过程中，就可以利用这组多项式解算出地图上任意点的实际地理坐标。

设点P在栅格图像坐标系中的坐标为(x, y)（图9-1），转换到实际地理坐标系中的坐标为(x', y')，则有：

$$\begin{cases} x' = m(x\cos\theta - y\sin\theta) + a_0 \\ y' = n(x\sin\theta + y\cos\theta) + b_0 \end{cases} \quad (9\text{-}2)$$

式中，θ为两坐标系的夹角；m和n分别为沿x'和y'方向缩放比例或图纸变形分量。

令：$a_1 = m\cos\theta \quad a_2 = -m\sin\theta \quad b_1 = n\cos\theta \quad b_2 = n\sin\theta$

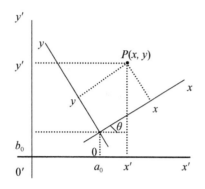

图9-1　坐标变换示意

则有：

$$\begin{cases} x'=a_0+a_1x+a_2y \\ y'=b_0+b_1x+b_2y \end{cases}$$

（9-3）

公式9-3即为所要拟合的坐标变换公式，为求解上述多项式的系数a_0，a_1，a_2和b_0，b_1，b_2，建立误差方程：

$$\begin{cases} Q_x^2=\sum(x'-\hat{x})^2=\sum(x'-\hat{a}_0-\hat{a}_1x-\hat{a}_2y)^2 \\ Q_y^2=\sum(y'-\hat{y})^2=\sum(y'-\hat{b}_0-\hat{b}_1x-\hat{b}_2y)^2 \end{cases}$$

（9-4）

式中，$\hat{x}$，$\hat{y}$分别为x'，y'的估计值。

根据最小二乘法原理，令$\dfrac{\partial Q_x^2}{\partial a_i}=0$和$\dfrac{\partial Q_y^2}{\partial b_i}=0$，$i=0$，1，2解得：

$$\hat{a}_0=\bar{x}'-\bar{x}a_1-\bar{y}a_2,\quad \hat{a}_1=\frac{L_{x'x}L_{yy}-L_{x'y}L_{xy}}{L_{xx}L_{yy}-(L_{xy})^2},\quad \hat{a}_2=\frac{L_{x'y}L_{xx}-L_{x'x}L_{xy}}{L_{xx}L_{yy}-(L_{xy})^2}$$

$$\hat{b}_0=\bar{y}'-\bar{x}b_1-\bar{y}b_2,\quad \hat{b}_1=\frac{L_{y'x}L_{yy}-L_{y'y}L_{xy}}{L_{xx}L_{yy}-(L_{xy})^2},\quad \hat{b}_2=\frac{L_{y'y}L_{xx}-L_{y'x}L_{xy}}{L_{xx}L_{yy}-(L_{xy})^2}$$

式中，

$$L_{xx}=\sum x^2-\frac{\left(\sum x\right)^2}{n}$$

$$L_{xy}=\sum xy-\frac{\left(\sum x\sum y\right)}{n}$$

将求解出的系数分别代入方程组9-3中，就可以利用这组方程解算出栅格图像坐标系中任何一点的实际地理坐标。

9.2.3 扫描数字化的基本步骤

先用扫描仪将地图扫描成栅格图像，然后以栅格图像为背景，手工或者利用自动跟踪软件进行屏幕数字化是目前较为普遍的一种地图数字化方法。其主要基本步骤大致如下。

（1）准备扫描图像

选择要数字化的地图，识别该图的投影和坐标系统，在图上选取至少四个控制点并获取控制点的实际地理坐标，然后将地图扫描成ArcGIS可识别的栅格图像格式保存（如tif、jpeg格式等）。如果没有现成的坐标系统，也可以在图上建立自己的坐标系统并读取相应控制点的坐标。

扫描后的栅格地图存在扫描误差。因此，地图扫描过程中，要选择精度合适的扫描仪和扫描分辨率。在扫描过程中，高精度扫描仪和较高扫描分辨率有助于提高栅格地图质量，但是过高的追求高精度和高分辨率又会大大提高数据加工的成本，因而只能有限地改善数据质量。一般情况下，对于中等复杂程度的大比例尺地形图，扫描分辨率控制在300~600dpi即可。

扫描后获得的栅格图像，可采用专用图像纠正软件进行地图纠正。扫描后的栅格图像根据变形的性质不同，存在着线性变形和非线性变形。线性变形主要指地图的缩放、旋转、平移等。线性变形又可分为刚体变形和仿射变形，其变形方程为一次。非线性变形主要指地图的扭曲，变形方程为二次或高次。根据变形的区域不同，存在着不均匀的局部变形和全局变形。根据不同性质的变形，一般采取相似变换和仿射变换进行纠正。根据变形情况，采用高次多项式（如二次、三次等）进行纠正，方程的次数以及控制点的采集个数决定了纠正的精度。方程的次数越高，纠正的精度就越高。

（2）栅格图像配准

在ArcGIS中打开扫描后的栅格图像，对栅格图像进行配准。

① 输入控制点。具体操作是逐一选择控制点，然后在弹出的编辑控制点对话框中键入该点对应的实际坐标值。输入四个控制点时需要注意：其中任意三个点不能在一条直线上；

② 选择投影。扫描的栅格图像数字化时，一项关键的工作是设定投影方式。因为这样才能考虑到该地图的变形，并保持地图要素之间正确的空间关系。在定义投影之前，景观规划人员需要向相关地理专业人员确定该扫描地图的投影方式，以利于数字化时定义。

除了选址合适的投影方式之外，还必须设定坐标系使用的地图单位。例如，经纬度投影中的地图将以度显示坐标。如果没有该地图的坐标系统，那么需要把该地图数字化为非地球地图（Non-earth Map），这表示该图像上的点只是彼此有关，而与地球上的点无关。

栅格图像的配准过程实际上是利用最小二乘原理实现由栅格图像坐标到实际地理坐标的转换。配准完成后就可以在屏幕上以实际地理坐标对栅格图像上的内容进行跟踪数字化。

（3）新建数字化图层

配准完成后，还需根据规划目标，确定数字化图层数量及要素类型。数字化图层的要素主要有点要素、线要素、面要素。例如，扫描数字化中国国家行政图，则至少需要三个图层和三类要素。点要素图层主要数字化中国各省会城市或直辖市，线要素图层则主要数字化中国行政区域内的河流，如长江黄河等，面要素图层则主要数字化各省市的行政区域范围。需要注意的是，依据规划目的的差异，图层的要素类型也是随之变化的。如在中国国家行政图中，长江或黄河是以线要素图层进行数字化的；但若规划目的是对长江或黄河的航运能力进行研究，则长江或黄河则可用面要素图层进行数字化。

设置各图层要素间的拓扑关系。拓扑是反映空间要素和要素类之间的数据模型或格式，它用来保证空间数据的完整性规则。可通过建立拓扑关系规则来进行拓扑数据一致性控制。拓扑关系规则是用户指定的空间数据和必须满足的拓扑关系约束，如要素之间的相邻关系、连接关系、覆盖关系、相交关系等。如在城市规划中，两相邻的地块不能有"飞地"，建设用地的界址点必须在用地红线，地形图中当以河流为国界时，河流与国界线必须一致。

（4）屏幕跟踪矢量化地图

屏幕跟踪矢量化的基本步骤包括：

① 激活地图窗口并确保使一个图层可编辑；

② 选择栅格图像——改变视图放大栅格图像窗口，使栅格图像的视野能满足适合于屏幕跟踪的宽度；

③ 激活某一图层要素，开始跟踪栅格图像。跟踪时可采用分类跟踪方式，逐一完成各要素图层的矢量化。仍以之前数字化中国国家行政地图为例，可先激活面要素图层，用来跟踪勾勒各省、自治区、直辖市的行政范围，矢量化完成后，再激活线要素图层，逐一跟踪描绘各江河要素，最后再激活点要素，完成首都、各直辖市、各省会城市的数字化；

④进行拓扑关系的检验，保证数字化地图的准确性。在屏幕数字化过程中，由于栅格图像幅面较大，加上长时间面对屏幕，在数字化过程中难免会出现一些相邻要素间留有空隙、没有共用相邻边界、存在多余面域等各类小问题。这些小问题可通过之前建立的拓扑规则进行识别并修正，保证数字化地图的数据逻辑质量。

9.3 应用案例：等高线地图的数字化

9.3.1 案例背景

某地需要进行城郊周边山地旅游度假区的规划，相关部门能提供的场地现状图纸资料均为纸质扫描版。在开始进行景观规划之前，需要做的一项关键工作是将纸质扫描版的图纸通过手工进行计算机屏幕数字化，为之后旅游度假区的规划做好准备。在众多的图纸资料中，其中最为基础与重要的一项场地资料是规划区域山体的等高线（图9-2），它是进行规划区域场地分析的基础数据之一。该等高线图属于非国家标准分幅地图，为该市较早之前进行实地测绘后所留存文件。本案例将以该规划区域的等高线地图为数字化对象，详细介绍在ArcGIS中进行数字化的技术。

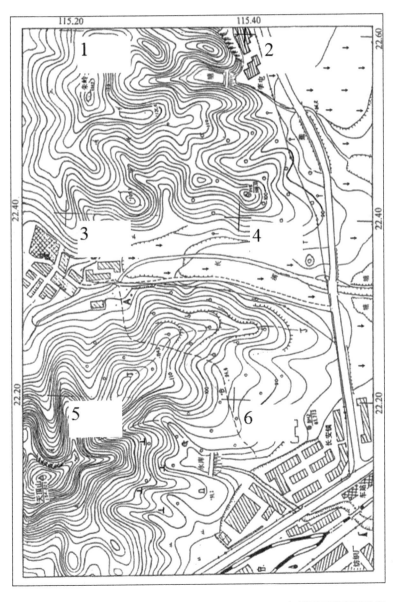

图9-2　扫描纸版等高线地图

9.3.2 数字化思路

（1）选取控制点

在进行地图数字化前，第一步要选择合适的地图投影和建立适当的坐标系。没有合适的投影或坐标系的空间数据不是一个好的空间数据，甚至是没有意义的空间数据，因为这种数据不含实际地理意义。

本案例中所获得的底图为非国家标准分幅地图，该图较全面地反映了规划区域的高程信息。在当时对该地形实地测量时，考虑到以后分幅拼接和配准的需要，在图上已以"＋"十字丝方式标注上多处（共六处）控制点的相对坐标距离值，单位为公里。如图控制点1表示该点的坐标公里值为（115.20，22.60）、控制点6表示该点的坐标公里值为（115.40，22.20）。另外，我们设该等高线地图位于高斯克吕格北京1954-3度分带的第36带上，即该场地的投影系统为Beijing_1954_3_Degree_GK_Zone_36。

※*说明：对于国家标准分幅地图在内图四角上有本幅图的四个控制点，并相应地标有实际地理坐标，图面上往往还有大地测量控制点可供选择。*

（2）明确需提取的地物信息

在一张地图中，可反映出的地物信息非常多。对此，要根据规划的目标，确定数字化过程中需要提取出哪些相关的地物信息。在本案例中，需要规划城郊山地旅游度假区，规划的对象为图中的两座山体。显然，山地的等高线及其高程值是首先要提取出来的相关信息。同时，山地中的一些资源信息，如两座山地间的溪流、山地中的水库等地物信息，会对度假区规划产生影响，因此也需要专门提取出来。另外，规划场地的内外交通的衔接联系、周边居民区的分布是规划过程中必须考虑的因素，因而也需进行提取。所提取的地物信息见表9-1所示。

表9-1 提取地物名称、提取形式及层名

地物名称	数据作用	提取形式	层名
等高线及相应高程值	反映场地基本属性	线要素	contour
水库及水系	属可利用资源	面要素	waterbody
道路、铁路	道路交通规划	面要素	road, trail
居民区	反映场地周边属性	面要素	residentalarea
车站等其他设施	反映场地周边属性	面要素	otherfacilities

（3）地图的分层

GIS是以图层管理的方式管理地图，将点、线、面等地理实体按其性质的不同分别归入不同的图层进行分层管理是GIS管理空间数据的基本方式。在明确所需提取的地物信息之后，需要着重考虑对这些要素以何种地理形式进行分层并确定层名。本案例中，我们对不同类型地物实施分层提取。对等高线要素，使用线图层进行提取；对具有面积大小特征的地物如水资源、道路、居民区等地物，使用面要素进行提取。地物所提取的方式及层名见表9-1。这样做的目的主要是基于以下考虑：① 有利于空间数据与属性数据的连接。GIS中的属性数据多用关系数据模型进行管理，这样相同性质的地理实体可拥有同一张关系表，有利于GIS的数据管理。如等高线数据的高程值为属性数据，通过手动赋值可以为图中每一条线段定义其高程属性，最终所有的高程值为一张属性表；② 有利于组织所需的各种专题地图。不同的专题地图对地图要素的取舍有一定的要求，按要素组织图层管理方式，有利于制作不同形式和内容的专题地图；③ 有利于提高图形分析、计算、显示速度。GIS系统中，图形图像的显示速度也是需要考虑的一项重要方面，关闭不需显示的图层或者根据规划的目的控制图层的显示与否，都有利于提高GIS中空间分析或地图输出的速度。

9.3.3　技术实现过程

（1）栅格图像的空间配准

a. 启动ArcMap，将扫描地图initialmap加入数据窗口面板，此时会弹出Unknown Spatial Reference对话框提示该图层缺少空间坐标信息，点击确定；

b. 放大查看扫描图中的"＋"十字丝控制点，确定之后增加控制点的先后顺序。参考之前图9-1中定义的控制点顺序及图边框上空间坐标信息，准备添加控制点进行空间配准。提取的各控制点的x、y坐标信息如下：1（115200，22600）、2（115400，22600）、3（115200，22400）、4（115400，22400）、5（115200，22200）、6（115400，22200），单位为m；

c. 调出Georeferencing工具条，该工具条主要用于为栅格图像进行空间配准。 Georeferencing ▾ Georeferencing下拉菜单下不勾选Auto Adjust，表示控制点定义后进行手动更新。注意配准的layer为initialmap，选择 ✚ Add control points工具——点击定位于控制点1位置——拖拽线条——右键——选择Input X and Y——弹出对话框（图9-3）——输入控制点1的坐标值x为115200，y值为22600——点OK；

d. 同c中的方法，陆续为控制点2-6输入相应的x、y坐标值，6个控制点定义完成后，可点击 ▦ View link table查看刚才定义的6处控制点的坐标信息，若有输入错误，可在表格中手动录入修改；

e. 控制点正确定义后，Georeferencing下拉菜单中选择Update georeferencing，手动更新新定义的坐标信息。点 ● Full Extent，可查看定义后的栅格图像。

（2）定义投影坐标系统

a. 上一步骤定义好了栅格图像控制点的相对坐标值，但该栅格图像仍然缺少相关的空间投影。菜单栏View——Data Frame Properties——Coordinate System——可以查看相关的图层及当前数据窗口的坐标信

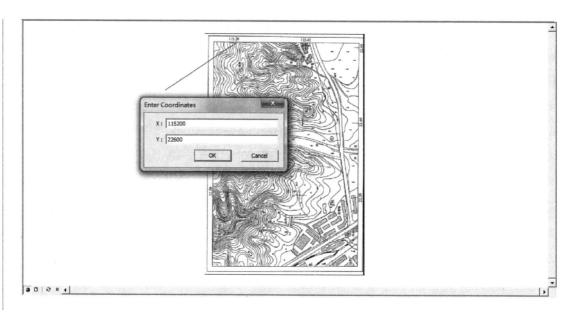

图9-3 坐标配准对话框

息——显示均为Unknown（图9-4）；

　　b. 接下来将为该栅格图像定义空间投影坐标系统。点击 ⬢ArcToolbox打开工具箱——Data Management Tools——Projections and Transformations——Raster——Project Raster投影栅格——弹出定义栅格图像投影坐标系统的对话框（图9-5）；

　　• Input Raster：输入需要定义投影的栅格文件，本案例中选择initialmap.tif文件；

　　• Input Coordinate System（optional）：输入空间坐标系统，选择Projected Coordinate Systems——Gauss Kruger高斯克吕格投影——Beijing 1954——Beijing 1954 3 Degree GK Zone 36北京1954坐标3度分带第36带；

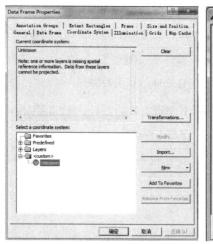

图9-4 View查看数据窗口坐标信息

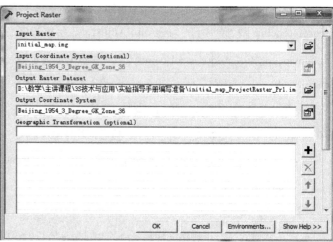

图9-5 Project Raster定义栅格投影坐标

· Output Raster Dataset：指定输出文件的存放位置，选择目标文件夹即可；

· Output Coordinate System：定义输出栅格图像的坐标系统，本案例中设扫描地图的投影为北京1954坐标3度分带第36带，这里也是选择Projected Coordinate Systems——Gauss Kruger高斯克吕格投影——Beijing 1954——Beijing 1954 3 Degree GK Zone 36北京1954坐标3度分带第36带；

· 点OK，完成栅格投影；

c. 重新启动ArcMap，将上步输出的initialmap_ProjectEaster.img图像加入ArcMap（图9-6）。定义投影坐标系统后，软件右下角能显示出相应正确的坐标值与单位。View——Data Frame Properties——Coordinate System——可以查看相关的图层及当前数据窗口的坐标信息——显示均为Beijing_1954_3_Degree_GK_Zone_36，即为刚才定义投影坐标（图9-7）；

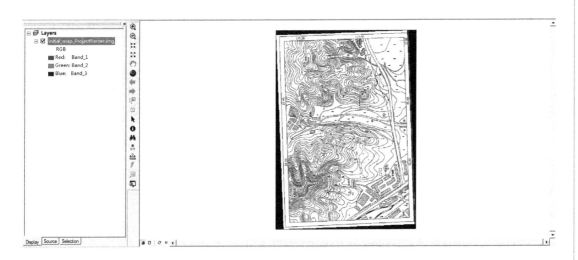

图9-6　initialmap_ProjectEaster.img图像加入ArcMap

图9-7　View查看定义好的坐标系统

　　d. 可在ArcMap中用 📐 Measure测量定义投影后栅格图像中地物的尺寸，进一步验证配准与投影定义的准确性。如测量栅格地图中道路的宽度，结果如图9-8，宽度约为10m，与场地实地情况基本相符；也可再次测量图中溪流宽度，约为6m，也基本符合地物的真实宽度。

　　（3）建立矢量图层

　　a. 启动ArcCatalog，选择到准备新建数字化图层的文件夹下，选中文件夹——右键——New新建——Shapefile文件，如图9-9（a）——弹出新建shapefile文件对话框，如图9-9（b）：

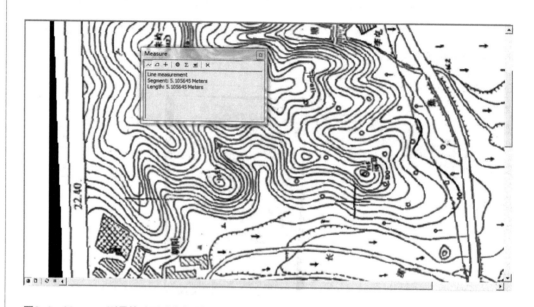

图9-8　Measure测量检验配准与投影定义的结果

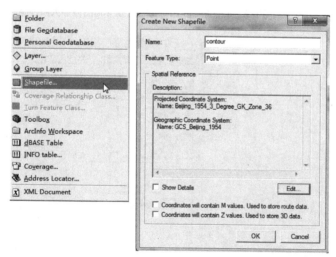

　　（a）选择创建shapefile；　　　　（b）创建等高线contour图层

图9-9　新建shapefile图层

• Name：为新建图层命名，根据案例前面确定的层名（表9-1），首先先定义等高线图层，名称为"contour"；

• Feature Type：为指定图层的要素类型，共有五种：Point点、Polyline线、Polygon多边形、Multipoint多点、Multipatch多面。本案例中等高线表示的方式为线，所以此处选择Polyline；

• Description：可以先为该图层定义空间坐标信息，点击下面Edit按钮即可开始定义。本案例中的投影坐标系统为Beijing 1954 3 Degree GK Zone 36北京1954坐标3度分带第36带，可点Edit开始定义；

• 点击OK，完成等高线线图层的创建；

b. 同a的方法，在同一文件夹下在分别新建名为waterbody、road、trail、residentialarea、otherfacilities的polygon多边形图层，分别用于数字化扫描地图中的水体、道路、铁路、居民区、其他市政设施，注意选择的Feature Type为Polygon多边形要素类型，投影坐标系统同a；

c. 可在ArcCatalog中，使用 Contents Preview Metadata Preview查看刚才新建的各种图层，由于新建图层内容为空，Preview查看的图像为空白。可用Metadata——spatial查看新建图层的空间坐标信息。

（4）等高线的屏幕数字化

a. 启动ArcMap，将进行配准与投影后的initialmap_ProjectEaster.img图像加入，同时先将上步新建的contour等高线图层加入ArcMap，先行进行等高线信息的提取；

b. 鼠标移至工具条面板内，右键调出Editor工具条，通过该工具条进行数字化；

c. Editor工具条，Editor旁下拉菜单——Start Editing开始编辑，进行数字化——Editor工具条上工具可以开始使用——选择 ✏️▾ Sketch tool，注意Task栏：应选择Create New Feature创建新要素，Target栏为目标图层栏即表示新建要素位于哪个图层内，这里要对等高线进行数字化，选择Contour图层（图9-10）；

d. 在屏幕上将扫描地图放大至合适范围，使用 ✏️▾ 工具逐条描绘等高线（图9-11）；

e. 描绘完成一条完整的等高线后，可在最后一处顶点处双击或右键——选择Finish Sketch，即可完成此条等高线的数字化工作——Editor下拉菜单下——Save Editing存储编辑；

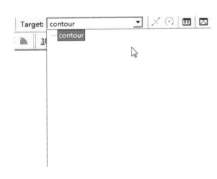

图9-10　Target设为contour等高线　　　　　　　　图9-11　逐一描绘等高线

※*技巧：在数字化过程中，要及时通过Save Editing命令保存之前所做编辑工作，防止之前所做数字化工作的丢失。*

f. 描绘等高线过程中，若需要删除描绘错误或有偏差的顶点，可用鼠标对准该错误点——右键——选择Delete Vertex即可删除该顶点，重新定位正确顶点（图9-12）；

g. 描绘等高线过程中，对同一高程的长等高线可能要进行多次分段描绘，要注意各分段线段之间的衔接，避免重复或遗漏线段。为了避免这种错误，在ArcMap中可用Snapping捕捉工具实现。Editor 工具条——Start Editing开始编辑状态下——Editor下拉菜单——Snapping——弹出捕捉设置对话框：针对每一图层叮设置三种捕捉设置方式：

• Vertex：捕捉顶点；

• Edge：捕捉边线；

• End：捕捉终点；

此项contour图层下，勾选Snapping捕捉 Vertex，如图9-13——关闭完成定义。数字化同一等高线时，通过捕捉设置能保证新建后一等高线的起点既为上条等高线的终点（图9-14）。

h. 在屏幕数字化等高线过程中，还需要同时为等高线添加相应的属性数据，即增加等高线的高程值。在Stop Editing停止编辑状态下——数据窗口面板中选中contour图层——右键——open attribute table打开属性表——新建要素过程中，属性表中自动默认添加了三项字段，分别为FID、Shape、Id——Options下拉菜单——Add Field增加字段——弹出对话框：

• Name：表示为该字段命名。由于需要添加的是高程值信息，此处命名为Height；

• Type：新建属性的类型，有Short Integer、Long Integer、Float、Double、Text、Date，由于高程值

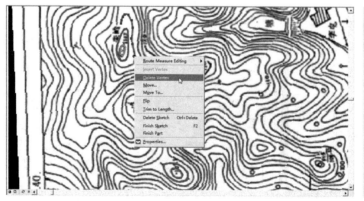

图9-12 Delete Vertex删除顶点

图9-13 snapping捕捉设置

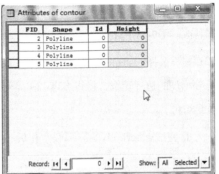

图9-14　snapping捕捉　　　　　　图9-15　新增Height字段

为数字，这里选择Short Integer；

- 点击Ok，即完成添加新字段，本步操作为contour添加了Height字段，用于存放各等高线的高程值属性数据（图9-15）。

i. 接下来可为已数字化完成的等高线输入相应的高程值。Start Editing开始编辑状态下——数据窗口面板中选中Contour图层——右键——open attribute table——为之前数字化好的等高线输入相应的高程值，键盘手工输入"110"，表示该等高线高程值为110m（图9-16）——Save Edits储存编辑；

j. 重复c~i步的方法，逐条数字化每条等高线，并同时为其输入相应的高程属性值，完成扫描地图中等高线信息的数字化工作。

（5）其它信息的屏幕数字化

a. 把之前新建waterbody图层加入ArcMap，接下来将数字化扫描地图中的水体要素；

b. Editor工具条——Start Editing，选择Target对象为Waterbody——✏️▾sketch tool工具——描绘图纸中相关水体信息（图9-17），描绘过程中注意Save Edits保存编辑过程中已数字化的要素；

c. 数字化多边形要素过程中，由于鼠标按键过灵敏或误双击操作，常常会导致数字化出来的多边形

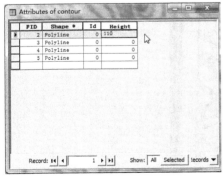

图9-16　逐一为等高线录入相应的高程值　　　　　　图9-17　数字化描绘水渠

数据与地物实际轮廓存在差异，这种情况下可通过Reshape Feature工具对数字化好的多边形要素进行再编辑修改。图9-18中数字化好的水渠与地图中水渠实际轮廓存在一定差异，Editor工具条中——Tasks下拉菜单栏——选择Reshape Feature—— 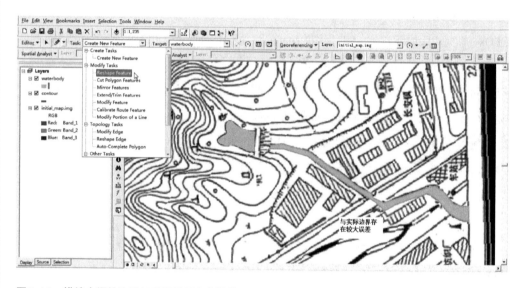 sketch tool——将起点点击在需要重新编辑要素多边形内，再描出需要增加的边界轮廓，将终点点击在需要重新编辑多边形要素内——双击即可完成多边形要素的再编辑（图9-19）；

d. 完成waterbody的屏幕数字化后，同①~③步中的方法，依次完成road、trail、residentialarea、otherfacilities等要素的屏幕数字化工作，数字化完成后，即可获得矢量数据。

图9-18　描绘水渠的边界与实际边界存在误差

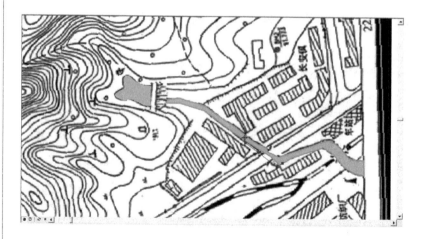

图9-19　Reshape Feature修改水渠边界

9.4 本章小结

在景观规划过程中，地图数字化技术是中获取相关GIS空间数据常用技术。地图数字化技术的主要步骤有：

① 准备扫描图像：明确所需数字化的对象；

②栅格图像配准：为数字化对象提供空间坐标系统；

③新建数字化图层：依据所需数字化内容，确定好数字化对象相对应的图像形式；

④ 屏幕跟踪矢量化地图：仔细认真地提取相应地物信息。

推荐阅读书目

1. 董强, 栾乔林, 尧德民, 陈木生. 基于AutoCAD的手扶跟踪地图数字化方法[J]. 热带农业科学, 2002(4): 35-38.

2. 黄加纳, 蓝悦明, 覃文忠. 地图数字化的坐标转换及数据的精度与相关性[J]. 武汉大学学报（信息科学版）, 2001, 03: 213-216.

3. 岳东杰, 梅红. 地图扫描矢量化误差的最小二乘配置法处理研究[J]. 测绘科学, 2007(2): 51-53.

4. 张成才, 季广辉, 陈俊博, 孟德臣. 一种基于ArcGIS和AutoCAD的数字地图拼接方法[J]. 郑州大学学报（工学版）, 2007(1): 118-121.

第10章　遥感影像目视解译技术

遥感一词来自英语Remote Sensing, 即 "遥远的感知"。广义理解, 泛指一切无接触的远距离探测, 包括对电磁场、力场、机械波 (声波、地震波) 等的探测。狭义理解, 遥感是应用探测仪器, 不与探测目标相接触, 从远处把目标的电磁波特性记录下来, 通过分析, 揭示出物体的特征性质及其变化的综合性探测技术。

遥感具有探测范围广, 获得资料的速度快, 周期短, 实效性强, 成本低, 经济效益大等优点。土地覆被是指地球陆地表层和近地面层的分布状态, 它是自然过程和人类活动共同作用的结果。通过遥感影像快速提取所需土地覆被专题信息, 为现代国土调查、区域规划、城市规划、景观规划、灾害评估和环境监测等行业提供可靠信息源, 已经促使遥感影像的提取技术成为相关应用行业的基础性技术。对此, 如何快速准确地提取出土地覆被专题信息是遥感解译技术关键。本章将结合实际应用案例, 介绍现代景观规划中较为常用的遥感影像的目视解译技术。

10.1 遥感影像解译的方式

遥感的成像过程, 是将地物的电磁辐射特性或地物波谱特性, 用不同的成像方式 (例如, 摄影、扫描、雷达等) 生成各种影像, 即

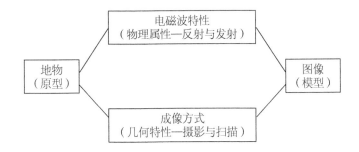

而解译过程, 就是成像过程的逆过程, 即

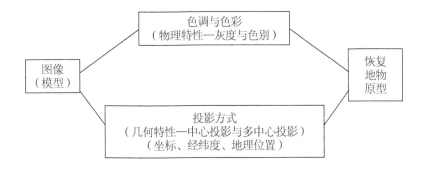

遥感影像解译的理论与方法研究一直是遥感研究领域的一个重要研究内容。目前, 遥感影像解译的方法可分为目视解译和计算机解译两大类。

10.1.1　**目视解译**

遥感影像目视解译方法是指解译者依据地物目标在遥感影像上光谱特征、时相特征、空间特征等成像机理以及所掌握的各种景观结构规律和发展规律，通过分析地物在影像上的特征来获得对地物目标的识别和特征信息的提取。目视解译通过比较灵活的辅助工具，能够比较准确地提取地面信息。长期以来，目视解译是获取专题信息的主要手段。

常用遥感影像目视解译方法有以下几种：

① 直接判读法：根据遥感影像目视判读标志，直接确定目标地物属性与范围的一种方法；

② 对比分析法：包括同类地物对比分析法、空间对比分析法和时相动态对比法；

③ 信息覆合法：利用透明专题图或者透明地形图与遥感重合，根据专题图或地形图提供的多种辅助信息，识别遥感上目标地物的方法；

④ 综合推理法：综合考虑遥感图像多种解译特征，结合常识，分析、推断某种目标地物的方法；

⑤ 地理相关分析法：根据地理环境中地理要素之间的制约关系，借助专业，分析推断某种地理要素性质、类型与分布的方法。

目视解译过程中常常还通过遥感图像处理软件对图像进行一些预处理，包括图像增强、图像融合等处理，有效地提高图像分辨率，突出主要信息，使图像中目标特征更加清晰，改善图像目视判读效果，从而提高判读的精度。

目视解译简单易行，而且具有较高的信息提取精度，特别适用于获取专题信息。但是它也存在一定的局限与缺点：① 当判读人员的专业知识背景、解译经验不同时，可能得到不同的判读结果；② 当两种地物的光谱特征或纹理特征等相似时（例如，草地与农田、灌木林与果园地等），解译人员就很难根据判读标志将其区分开来；③ 除此之外，目视解译工作量较大、较费工费时。

10.1.2　**计算机解译**

遥感数字图像计算机解译以遥感数字图像为研究对象，在计算机系统支持下，综合运用地学分析、遥感图像处理、地理信息系统、模式识别与人工智能技术，实现信息的智能化提取。其基础工作是遥感数字图像的计算机分类。

计算机遥感图像分类是统计模式识别技术在遥感领域中的具体应用。统计模式识别的关键是提取待识别模式的一组统计特征值，然后按照一定准则作出决策，从而对数字图像予以识别。

遥感图像分类的主要依据是地物的光谱特征，即地物电磁波辐射的多波段测量值，这些测量值可以用作遥感图像分类的原始特征变量。

遥感数字图像计算机分类基本过程如下：

① 首先明确遥感图像分类的目的及其需要解决的问题。在此基础上依据应用目的选取特定区域的遥感

数字图像，图像选取中应考虑图像的空间分辨率、光谱分辨率、成像时间、图像质量等；

② 根据研究区域，收集与分析地面参考信息与有关数据。为提高计算机分类的精度，需要对数字图像进行辐射校正和几何纠正（这部分工作也常常可能由提供数字图像的卫星地面站完成）；

③ 对图像分类方法进行比较研究，掌握各种分类方法的优缺点，然后根据分类要求和图像数据的特征，选择合适的图像分类方法和算法。根据应用目的及图像数据的特征制定分类系统，确定分类类别，从训练数据中提取图像数据特征，在分类过程中确定分类类别；

④ 找出代表这些类别的统计特征；

⑤ 为了测定总体特征，在监督分类中可选择具有代表性的训练场地进行采样，测定其特征；

⑥ 对遥感图像中各像素进行分类。包括对每个像素进行分类和对预先分割均匀的区域进行分类；

⑦ 分类精度检查。在监督分类中把已知的训练数据从分类类别与分类结果进行比较，确认分类的精度及可靠性；而在非监督分类中，采用随机抽样方法，分类效果的好坏需经实际检验或利用分类区域的调查材料、专题图进行核查；

⑧ 对判别分析的结果统计检验。

利用计算机对遥感数字图像进行解译也存在一定难度：首先，遥感图像是从遥远高空成像，成像过程要受传感器、大气条件、太阳位置等多种因素的影响。影像中所提供的目标地物信息不仅不完全，而且或多或少地带有噪声，因此人们需要从不完全的信息中尽可能精确地提取出地表场景中感兴趣的目标物。第二，遥感影像信息量丰富，与一般的图像相比，其包容的内容远比普通的图像多，因而内容非常"拥挤"。不同地物间信息的相互影响及干扰使得要提取出感兴趣的目标变得非常困难。第三，遥感图像的地域性、季节性和不同成像方式也增加了计算机对遥感数字图像进行解译的难度。

10.2 目视解译遥感影像的理论与步骤

10.2.1 影像的解译标志

解译标志是指能够反映和表现目标物体信息在遥感影像上的各种特征，利用这些影像特征能帮助判读者识别遥感图像上的目标物体信息或现象。解译标志可以分为直接解译标志和间接解译标志。

（1）直接解译标志

是指目标物体本身的属性在遥感图像上的直接反映，它们包括形状、大小、颜色、阴影、组合图案等。

① 形状：是指地物的外部轮廓，如体育场、飞机场等，主要取决于成像方式和比例尺大小。在中心投影图像上物体会随所处位置而变形。航片比例尺大，形状清晰；卫片比例尺小，信息综合。其他图像（如红外、微波）变形就较大。

② 大小：是指地物信息在图像上的尺寸，如长、宽、面积等。它是识别与区分地物的重要标志之一，与形状统称为形状大小。航片上：与航高有关，决定于比例尺；卫片上：比例尺小，综合信息，与背景条件有关；其他图像：由于变形大，大小也变，不准确，不可直接量算。

③ 颜色：是色调与色彩的通称。也是地物电磁辐射能量的强弱在遥感图像上的模拟记录。色调在黑白图像上表现为灰度，色彩在彩色图像上表现为色别与色阶。彩色图像信息要比黑白图像的信息量高。

颜色是一个重要的判读标志，没有它就没有形状大小，但是它又是一个不稳定的标志。因为：首先，它受地物的光谱辐射大小、性质、属性和冲洗条件等的影响；第二，多受波段的影响，同一灰阶并不代表同一地物；第三，颜色在各种遥感图像上的物理含义是指地物在特定波段内的辐射强度的大小，既有亮度信息，又有温度信息。例如，在可见光图像上，是反映地物的亮度信息，即明暗程度。当反射率大的时候，色调浅。而在热红外图像上，是反映地物的温度信息，即冷热程度。当温度高的时候，色调浅。在微波雷达图像上，反映地物的后向散射（入射方向上的雷达回波）能量的强弱。回波能量大的浅色调，没有回波的深色调，也称雷达阴影。

④ 阴影：是指一部分地面辐射能量信息被地物自身所遮挡而不能到达传感器的图像特征。包括本身阴影和投落阴影。本身阴影也称本影，是指图像上地物本身未被太阳光直接照射到的阴暗部分，如阴坡和阳坡，其立体感强。投落阴影又称落影，是指在背光方向上，地物投射到地面的影子，如树影。它能反映物体的侧面形状，容易区分。

需要注意，阴影也会遮住其他目标信息，在判读过程中是个影响因素。但我们也可以把不利因素变为有利因素，如可以通过阴影长度、太阳高度角以及比例尺的大小来计算物体的实际高度。

⑤ 组合图案：是指地物信息整体在遥感图像上的相似记录，它是形状、大小、颜色的综合反映。这主要取决于图像比例尺。其中包括有影像结构和纹形图案。影像结构是地物的表面状况，一般可描述为光滑状、粗糙状、参差状等。纹形图案是许多细小地物的组成，一般可描述为点、线、块、条、斑状、环状、垅状、栅栏状等。

（2）间接解译标志

间接解译是指地物本身的属性不能在遥感图像上直接反映，它是需要通过与判别目标有联系的其他相关地物信息在图像上反映出来的特征，再来推断判别目标物体的属性及现象的影像特征。如地理位置、排列组合、水系格局、地貌形态、植被分布等。

① 地理位置。指地物的环境位置以及地物之间空间位置配置关系在遥感图像上的相关反映。例如，飞机场一般在城乡结合部的平坦地区、公园门口有停车场、造船厂一般在沿江（海）岸边、盐田在淤泥质海岸地区；

② 排列组合。指地物景观相关布局的几何特征。例如，平原区的长块耕地、山区的人工梯田、居住地的新旧房屋的排列；

③ 水系格局。它能很好的反映地表岩性和构造等地质现象，体现出区域地形的基本框架。例如，树枝状和羽毛状为黄土地貌；扇状为冲积扇或洪积扇；

④ 地貌形态。是地学分析的重要标志，地貌形态决定于一定的岩性和构造等地质基础，也决定于一定的气候、水文等自然地理条件，是不同内外营力作用的结果。其中包括：宏观地貌形态，是受区域构造控制的，如青藏高原、云贵高原、四川盆地等。中等地貌形态，是受岩性和外营力控制的。如山顶和山坡的形态，阶地和沟谷的形态等。微地貌形态—是受侵蚀后的微小起伏，以及不良地质现象，如滑坡、泥石流、倒石碓、沙丘等；

⑤ 植被分布。植被分布可以反映气候的地带性和由地形引起的垂直分带性及小气候特点。植被分布是一个双重标志：对于植被而言是直接判读标志，对于地学分析是间接判读标志。例如，植被与岩性的关系：基性岩和超基性岩因含铬、镍、铁、镁，不利于植被的生长；含磷、氮、钾多的生长良好；红壤善于生长茶树和油松；灰岩地区长柏树，因为耐干旱。植被与地质构造、地下水的关系：断裂带地区岩石破碎，凹地内富集水，有利于植被的生长，并呈线状分布。地下水丰富的地区有利于植被的生长。

需要特别注意的是，解译标志具有一定的可变性和局限性。① 由于自然环境的复杂性，绝对稳定的标志是不存在的，它会带有地区性或地带性，地物影像信息随空间分布而变化，如南方的石灰岩与北方的石灰岩在图像上的特征是不同的；南方的铁路与北方的铁路干燥程度不同，颜色也不同；② 直接判读标志与间接判读标志是相对的。因为它对某一地物是直接标志，而对另一地物为间接标志，具有可变性。例如，泉水露头是寻找水资源的直接标志，而它呈线状排列是断裂构造的间接标志。植被本身是直接标志，用于判读土壤、岩性、构造等又是间接标志；③ 除地区性、可变性外，还有时间性。因为在特定的时间和季相，同一地物信息会发生变化，判读标志也会发生变化。因此，要反复观察对比，综合分析，运用多种标志。

10.2.2 目视解译的步骤

（1）目视解泽的准备

为了提高目视解译质量，需要认真做好目视解译前的准备工作。一般来说，准备工作包括以下方面：① 明确解译任务与要求。如目标是提取植被信息、河流信息、土地利用信息等；② 围绕解译任务与要求，收集与分析有关资料；③ 选择合适波段与恰当时相的遥感影像。

（2）初步解译阶段

初步解译的主要任务是掌握待解译区域特点，确立典型解译样区，建立目视解译标志，探索解译方法，为全面解译奠定基础。

在室内初步解译的工作重点是建立影像解译标准。根据影像特性，即色调、阴影、纹理、图型、大小、相关布局等建立其原型与模型之间的直接解译标志，运用地学相关分析法建立间接解译标志，进行初步解译。

（3）野外考察阶段

为了保证解译标志的正确性和可靠性，必须进行解译区的野外实况调查。包括航空目测、地面路线勘察、定点采集样品（如岩石标本、植被样方、土壤剖面、水质、含沙量等）和野外地物波谱测定。野外调查之前，需要制定好详细的野外调查方案与调查路线。

在野外调查中，为了建立研究区的解译标志，必须做大量认真细致的工作，填写好各种地物的判读标志登记表，以作为建立地区性的解译标志的依据，在此基础上，制订出影像判读的专题分类系统，根据目标地物与影像特征之间的关系，通过影像反复判读和野外对比检验，建立遥感影像解译标志。

（4）详细解译阶段

初步解译与判读区的野外考察，奠定了室内详细解译的基础。建立好遥感影像解译标志后，就可以进行详细解译了。

在专题内容判读中，除了遵循"全面观察、综合分析"的原则外．在解译中还应该做到：统筹规划、分区解译，由表及里，循序渐进，去伪存真，静心解译。详细解译过程中，对于复杂的地物现象，可以综合用于各种解译方法。如利用遥感影像编制地质构造图，可以利用直接解译法，根据色调特征识别断裂构造，采用对比分析法判明岩层构造类型，利用地学相关分析法，配合地面地质资料及物化探资料，分析、确定隐伏构造的存在及其分布范围；利用直尺、量角器、求积仪等简单工具，测旦岩层产状、构造线方位、岩体的出露面积、线性构造的长度与密度等，各种解译方法的综合运用，可以避免一种解译方法固有的局限性，提高影像解译质量。

无论应用何种解译方法，都应把握目标物体的综合特征，重视解译标志的综合运用，提高解译质量和解译精度。遥感影像直接解译标志是识别地物的重要依据，对于有经验的目视解译人员来说，还可以利用遥感影像成像时刻、季节、遥感影像种类和比例尺等间接解译标志来识别目标地物，由于某些解译标志存在一定的可变性和应用局限性，影像判读时不能只使用一两项解译标志，必须尽可能运用一切直接的和间接的判读标志进行综合分析，提高解译的准确性。

在详细解译过程中，要及时将解译中出现的疑难点、边界不清楚地方和有待进一步验证的问题详细记录下来，留待野外验证与补判阶段解决。

（5）野外验证与补判

详细解译的初步结果，需要进行野外验证，以检验目视判读的质量和解译精度。对于详细解译中出现的疑难点、难以判读的地方则需要在野外验证过程中补充判读。

野外验证是指再次到遥感影像判读区去实地核实影像详细解译的结果。野外验证的主要内容也括两方面：

① 检验专题解译中图斑的内容是否正确。检验方法是将专题图图斑对应的地物类型与实际地物类型相对照，看解译得是否准确。往往由于图斑很多，一般采取抽样检验方法进行检验。如选择多处解译样

区，在样区内检验解译图斑与实际地物类型的一致性程度；② 验证图斑界线是否定位准确，并根据野外实际考察情况修正目标地物的分布界线。

验证过程实际上也是对解译标志的一种检验，如果发现出于解译标志错误导致地物类型判读错误，就需要对解译标志进行修改，依据新的解译标志再次进行解译。

疑难问题的补判。补判是对目视详细解译中遗留的疑难问题的再次解译。其方法是根据解译过程中的详细记录，找到疑难问题的地点，通过实际观察或调查，确定其地物属性。若疑难问题具有代表性，应建立新的解译标志。根据野外验证情况，对遥感影像进行再次解译。

野外验证调查可以进行多次，确认可信度，直到详细解译结果满意为止。

（6）目视解译成果的制图

遥感图像目视解译成果，通常会以专题图的形式表现出来（如生成专题的植被分布图、土地利用类型图等），作为专题资料保存，以备使用。

10.3 应用案例：土地利用类型的目视解译

10.3.1 案例背景

某省政府国土规划部门要研究近30年（1980—2010年）某区域范围土地利用类型的变化，重点分析人类活动情况（主要是指农业用地和城镇建设）对原有天然森林的影响情况。国土规划部门依据研究区域实际情况，将土地利用类型定义为农业用地、城镇建设用地、森林用地、水系四类用地类型。所选择的时间分析阶段以10年为一阶，分别为1980年、1990年、2000年、2010年，通过这四个时间段四类土地利用类型的变化分析人类活动对原有天然森林的影响。

本应用案例将以2000年可见光黑白全色像片为遥感影像，介绍目视解译提取土地利用信息的方法。同时，基于此目视解译获得的土地利用类型结果，在第8章景观格局指数分析技术一章中，介绍如何进行土地利用类型景观格局指数的分析。

10.3.2 ArcGIS中目视解译的实现过程

（1）目视解译的准备：详细查看遥感影像所含信息

a. 启动ArcCatalog，在本地磁盘上新建Case_10的文件夹，该文件夹内再新建remote_sensing文件夹，将光盘Case_10/initial_data/中的"result.tif"遥感数据拷贝到remote_sensing文件夹内，该图像为研究区域2000年可见光黑白全色像片；

b. ArcCatalog中，查看"result.tif"遥感数据相关信息。首先，Metadata选项卡下浏览result.tif遥感数

据的spatial信息，确认其地理坐标系统和投影坐标系统（图10-1）。目视解译时，提取后的土地利用类型数据的地理坐标与投影坐标一致；

c. Preview选项卡下放大浏览该遥感影像，该区域的农业用地、城镇建设用地主要分别在中部区域，即人类活动的主要区域。

（2）初步解译和野外考察验证

a. 启动ArcMap，将遥感影像result.tif加入；

b. 放大查看影像，初步判断地物信息，并确立典型解译样区。如图，将这些区域列为典型的解译样区，初步为土地利用类型建立解译标志，城镇建设用地如图10-2（a），农业用地如图10-2（b、c），森林用地如图10-2（d）、水系如图（显示为深黑色）10-2（e）；

c. 通过对图10-2中典型样区和解译标志的野外实地考察验证，证明解译标志的建立正确，其判定标准可行，可用于进行详细解译。

（3）详细解译

a. ArcCatalog下在本地磁盘内新建Case_06/landuse.mdb（Personal Geodatabase），用于存放土地利用类型的目视解译数据；

b. landuse.mdb下——右键——New——新建Feature Class要素类——弹出对话框：

• Name：输入landuse_2000；

• Type：选择Polygon Features多边形要素，点下一步；

选择坐标系统，这里点击Import，将遥感影像result.tif的地理坐标和投影坐标导入到新建landuse_2000要素中，点下一步；

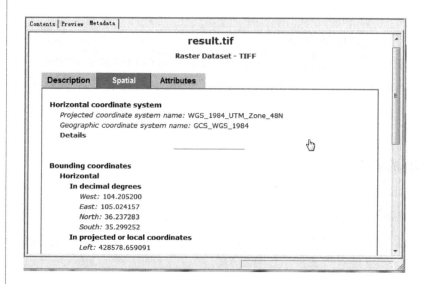

图10-1 遥感影像result.tif的地理坐标和投影坐标

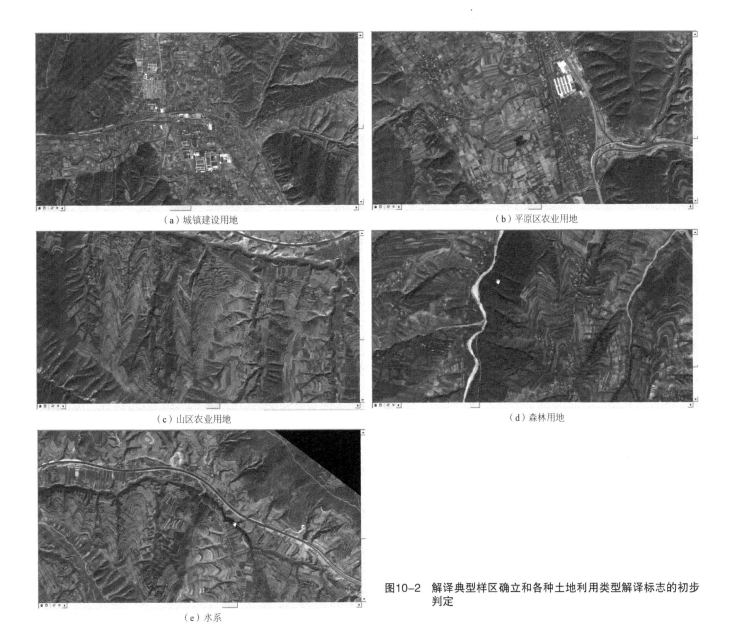

（a）城镇建设用地　　　　　　　　　　　　　　（b）平原区农业用地

（c）山区农业用地　　　　　　　　　　　　　　（d）森林用地

图10-2　解译典型样区确立和各种土地利用类型解译标志的初步
判定

（e）水系

XY Tolerance，这里保持默认的0.001，点下一步；

定义字段对话框，保持默认，点Finish，完成设置；

c. 选择刚创建的landuse_2000要素，点击右键——Properties——Fields字段选项卡下：

• Field name：输入Type_ID字段；

• Data Type：选择数据类型为Long Integer后点击OK（图10-3）——切换到Subtypes子类型选项卡；

• Subtype fields：选择要创建子类型的字段为Type；

在Subtypes列表中Code下分别输入1、2、3、4，其相应的Description描述特征分别对应为Agriculture、

Forestry、buildingarea、waterbody，即需要提取的土地利用类型信息，图10-4——点击OK。

d. 分别将遥感影像result.tif和lauduse_2000加入ArcMap，Editor工具条——Editor下Start Editing开始编辑，Task：Create New Feature创建新要素，Target：设为landuse_2000，定义好的子类型会通过列表框的形式显示，方便目视解译（图10-5）；

e. 选择Agriculture子类型，首先对农业用地进行目视解译。将遥感影像中待解译的区域放大显示至较清晰，Editor工具条上——点击Sketch Tool草图工具，结合之前确立的解译标志，对农业用地类型进行信息提取；

f. 解译过程中，相邻多边形间为了避免产生重复公共边或公共区域，可在Editor工具条——Task：任务菜单中选择Auto-Ccomplete Polygon自动完成多变形工具，在解译过程中，将解译的图形第一点和最后一点点击在相邻多边形内，这样解译出的图形与相邻多边形产生的交线将作为公共边（图10-6、10-7）；

g. 解译过程中要注意经常Save Edits保存编辑；

h. 重复d~g的步骤，逐一完成对Agriculture农业用地、Forestry森林用地、buildingarea城镇建设用地、waterbody水域的解译。解译完成后（图10-8）；

实际上，目视解译过程是一个需要投入大量时间和精力的过程。因此解译过程中，要排除烦躁，保持轻松愉悦的心情，做到细致认真，这样才能提高解译提取数据的准确度。烦躁、操之过急常常会造成区域遗漏、重复解译、边界界定错误等失误。

（4）野外验证与补判

本步骤中，我们会随机选择几处解译区域进行抽样调查，判断解译结果的准确性。另外，针对详细

图10-3 新增Type_ID字段

图10-4 定义Subtypes子类型

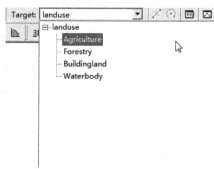

图10-5 列表框显示定义好的子类型

图10-6　将第一点点在相邻的多边形内　　　　图10-7　将最后一点也点在相邻多边形内

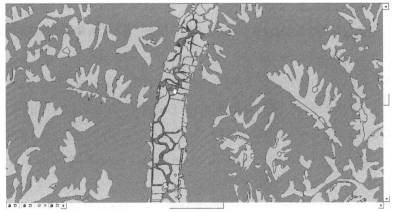

图10-8　解译出的土地利用
　　　　类型

图10-9　待进一步确认的土地利用类型

解译过程中存在的不确定或模糊区域，进行补判。

　　首先，将抽样调查的解译区域输出成地图并进行纸版打印，以备野外调查时查看。

　　a. ArcMap中，Data View数据视图中，将需要抽样调查的解译放大至合适比例，在Layout View布局视图中查看比例是否合适，合适后保持该比例；

　　b. Data View数据视图中，将Agriculture农业用地、Forestry森林用地、buildingarea城镇建设用地、waterbody水域分别用适宜的符号进行显示；

　　c. Layout View布局视图中，Page and Print Setup（页面与打印设置）中设置好页面大小，再分别Insert插入Legend图例、North Arrow指北针、Scale Bar比例尺，方便野外验证时查看。完成后，File——Export Map输出地图——选择合适的分辨率——输出生成jpeg或tif格式图片，待打印；

　　d. 同样的方法，将其他需要进行抽样调查的区域输出，为野外验证做好准备；

　　在详细解译过程中，仍存在一些土地利用类型待确认和模糊的区域（图10-9），在野外验证过程

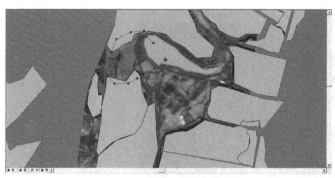 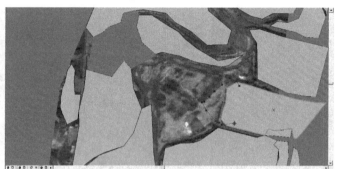

图10-10　Auto-Complete Polygon补充未解译的Agriculture农业用　图10-11　Reshape Feature修改错误的土地边界
　　　　　 地类型

中，我们还需要进一步确认。

通过野外实地抽样验证和补判，我们还需进一步对之前解译的数据进行部分修补。

e. ArcMap中，通过Editor工具条，Task：Auto-Complete Polygon工具增加农业用地。选中相邻的多边形，将第一点和最后一点点击在多边形内（图10-10），逐一完成之前不确定的土地利用类型；

f. Editor工具条，通过Task：Reshape Feature重修改要素工具，修改边界错误土地利用类型。选中需修改要素，将第一点和最后一点落在修改要素内，即可修改土地边界（图10-11）；

g. 反复使用Create New Feature、Auto-Complete Polygon、Reshape Feature等工具，逐一完成对错误和遗漏土地利用类型数据的修改与补充。

至此，我们已经完成了研究区域的目视解译，提取出了相关的土地利用类型信息。接下来我们可以进行成果的制图输出。

（5）土地利用类型解译成果的输出

本应用案例中，解译提取后的数据将需要进行景观格局指数的分析，我们在这里需要以栅格的形式输出。

a. ArcToolbox下——Conversion Tools转换工具——To Raster——Feature to Raster要素转换为栅格——弹出对话框（图10-12）：

• Input features：输入要转换的要素，这里选择解译好后的landuse2000数据；

• Field：要进行景观格局指数的分析，需要以记录有土地利用类型分类的属性字段进行转换；这里选择Type_ID，该属性字段下记录了土地利用类型的分类；

• Output raster：指定输出栅格的存放位置；

• Output cell size：定义输出栅格的尺寸，这里定义为5m，后点OK；

b. 以土地利用类型为关键字段，栅格的形式输出了土地利用类型的信息，可以在Fragstats进行景观格局指数的分析，具体的分析方法见第8章。

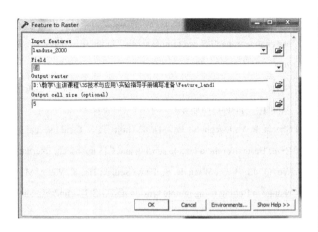

图10-12　landuse2000转换为栅格数据

10.4　本章小结

遥感具有探测范围广，获得资料的速度快，周期短，实效性强等特点。遥感影像是重要的信息来源，能为景观规划提供各种信息。遥感影像的目视解译技术是提取景观规划中专题信息数据的常用方法。解译标志的建立是进行解译的关键，目视解译步骤大致可分为：

① 目视解译的准备；② 初步解译阶段；③ 野外调查阶段；④ 详细解译阶段；⑤ 野外验证与补判阶段；⑥ 目视解译成果的制图。

本章以土地利用类型目视解译为应用案例，介绍了解译步骤的具体实现方式。首先，在ArcCatalog中，在本地磁盘下新建landuse.mdb的geodatabase，landuse.mdb下新建landuse要素类（Feature class），为其定义好地理坐标和投影坐标信息，并设置subtype（子类型），子类型的内容分别为：Agriculture、Forestry、buildingarea、Waterbody。然后，在ArcMap中，利用Editor工具条中的Create New feature、Auto-complete polygon、Reshape feature等工具，完成对土地利用类型信息的提取、土地利用类型信息的修改与补充编辑。最后，可以在Layout View中输出土地利用类型专题地图。本章中以栅格方式输出数据，为第8章景观格局指数分析技术的应用案例提供分析数据。

推荐阅读书目

1. 梅安新. 遥感导论[M]. 北京: 高等教育出版社, 2010.

2. 中华人民共和国质量监察检验检疫总局, 国家标准化管理委员. 土地利用现状分类（GB/T21010-2007）[S], 2007.

3. Li, X., Yeh, A. G. O. Analyzing spatial restructuring of land use patterns in a fast growing region using remote sensing and GIS[J]. Landscape and Urban Planning, 2004, 69(4): 335-354.

4. Li, X. Y., Wang, Z. M., Song, K. S., Zhang, B., Liu, D. W., Guo, Z. X. Assessment for salinized wasteland expansion and land use change using GIS and remote sensing in the west part of Northeast China[J]. Environmental Monitoring and Assessment, 2007, 131(1-3): 421-437.

5. Rozenstein, O., Karnieli, A. Comparison of methods for land-use classification incorporating remote sensing and GIS inputs[J]. Applied Geography , 2011, 31(2): 533-544.

6. Sheeja, R. V., Joseph, S., Jaya, D. S., Baiju, R. S. Land use and land cover changes over a century (1914-2007)in the Neyyar River Basin, Kerala: a remote sensing and GIS approach. International Journal of Digital Earth[J], 2011, 4(3): 258-270.

7. Wu, Q., Li, H. Q., Wang, R. S., Paulussen, J., He, Y., Wang, M., Wang, B. H., Wang, Z. Monitoring and predicting land use change in Beijing using remote sensing and GIS[J]. Landscape and Urban Planning, 2006, 78(4): 322-333.

第11章　三维可视化技术

在景观规划的专业领域，常常需要对二维的空间分析结果进行三维可视化，增强分析结果的直观性和易读性。这样一方面有利于与甲方或委托方进行及时反馈沟通，另一方面也便于规划团队内部判断分析结果的准确性。

11.1　三维可视化的概况

ArcGIS具有一个能为三维可视化、三维分析以及表面生成提供高级分析功能的扩展模块3D Analyst，它可以用来创建动态三维模型和交互式地图，从而更好实现地理数据、空间分析结果的可视化。ArcGlobe和ArcScene是ArcGIS Desktop两种可实现三维可视化的应用程序，允许用户对3D 空间中的3D或2D数据进行显示、分析和创建动画，属于ArcGIS 3D Analyst扩展模块的组成部分。

ArcGlobe应用程序通常专用于超大型数据集，并允许对栅格和要素数据进行无缝可视化。此应用程序基于地球视图，所有数据均投影到全局立方体投影中、以不同细节等级（LOD）显示并组织到各个分块中。为获得最佳性能，请对数据进行缓存处理，这样会将源数据组织并复制到分块的LOD中。矢量要素通常被栅格化并根据与其关联的LOD进行显示，这有助于快速导航和显示。

ArcScene用于实现所关注场景或区域的3D可视化。是一种3D查看器，非常适合生成允许导航3D要素和栅格数据并与之交互的透视图场景。ArcScene基于OpenGL，支持复杂的3D线符号系统以及纹理制图，也支持表面创建和TIN显示。所有数据加载到内存，允许相对快速的导航、平移和缩放功能。矢量要素渲染为矢量，栅格数据缩减采样或配置为您所设置的固定行数/列数。

11.1.1　ArcGlobe和ArcScene的主要区别

（1）投影数据

ArcGlobe使用一个特定坐标系（立方体投影），将所有数据投影到球形表面。已添加到空ArcGlobe文档中的所有数据都会被动态投影到此坐标系中。没有与其相关的投影信息的数据将无法被添加到ArcGlobe 中。由于是球面，因而此应用程序已优化为可在地球范围内显示地理信息。它也可以比其他投影更逼真地渲染地球表面。

而 ArcScene则会将 ArcScene 文档中的所有数据投影添加到文档中的第一个图层。ArcScene通常使用平面投影，因此它专为需要分析给定研究区域且具有小型空间数据集的人士而设计。

（2）缓存数据与内存管理

ArcGlobe和ArcScene之间最显著的区别之一是每个应用程序处理信息管理的方式。因为ArcGlobe设计为使用超大型数据集，所以应该对数据进行缓存处理来优化性能。缓存过程将建立索引并将所有数据组织为各个切片和细节等级。这允许在ArcGlobe文档中进行缩放、平移以及导航到不同位置时快速显示和可视化。

ArcScene将所有数据加载到可用内存并在必要时使用分页文件。这是为什么ArcScene针对带有少量数据的更小研究区域进行优化的原因。

（3）分析

ArcGlobe是一个用于显示大型全局数据的理想应用程序。该应用程序在导航和渲染高分辨率栅格、低分辨率栅格以及矢量数据方面有很好的性能。然而，ArcScene能够更好地针对分析进行优化。ArcScene完全支持3D Analyst工具条，也完全支持不规则三角网（TIN）表面。ArcScene可以很好地渲染子表面数据和体积数据。ArcGlobe支持terrain数据集，而ArcScene不支持。所有地理处理工具在两个应用程序中均可用。

（4）查看与显示

在ArcGlobe中，可以选择将矢量数据以栅格化方式显示在表面图层上，也可以选择使用表面图层中的独立属性将矢量数据渲染为矢量图层。此选项针对注记要素类特别有用，可以将注记要素类叠加到表面或自动以广告牌方式面向查看者。在ArcScene中，矢量以本机格式保留并可以脱离于栅格表面进行浮动。您可以控制ArcScene中栅格数据发生的缩减采样量。注记要素不能显示在ArcScene中。

两个应用程序之间的另一个区别是ArcScene可以支持立体观看。立体观看是增强3D可视化体验的极佳方法。

11.1.2　确定进行3D显示的环境

在进行三维可视化前，需要确定进行生成3D显示的环境，即是使用ArcGlobe生成3D视图还是使用ArcScene生成3D视图。结合以下几项规划案例进行介绍。

① 案例1——显示县地貌图。

数据：您有整个县的详细数据。您的数据包含一系列航空像片、道路中心线、地块边界、建筑物覆盖区、土地利用区域以及感兴趣点。对于高程数据，有多个覆盖整个县的分块的DEM栅格。

目标：以三维视图显示该县来实现推广宣传目的，如宣传册图像和视频动画。

环境：基于以下原因，ArcGlobe是最好的选择。

因为数据量大且最有可能需要在完整分辨率下使用缓存；范围覆盖广大地区，地球曲率将发挥作用；有一系列DEM分块，可以将其视为无缝高程源。

② 案例2——研究本地采矿数据。

数据：大多数数据是在一组油井周围1sq.mi（2.59km²）内。您有航空像片、用于垂直钻取路径的3D折线、用于地下盐丘的多面体（multipatch）数据以及用于向外输油管线的2D线。也有油井周围大约10sq.mi的栅格DEM。

目标：以三维视图显示油井来查看油井的效能和覆盖范围。

环境：基于以下几点原因，ArcScene是最好的选择。因为：数据量小；可视化限制在很小的范围；要查看的数据已在地面之外进行了切片。

③ 案例3——构建虚拟城市。

数据：基于未来20年的预测模型，您有城市的建筑物覆盖区、道路中心线、公园区域以及交通基础设施数据。您还有高程地貌的TIN。

目标：为常规显示和分析创建交互式环境。

环境：基于以下原因，ArcGlobe和ArcScene都是可行的选择。因为：数据量不太多；两个应用程序都支持适用的符号系统选项；两个应用程序都支持3D视图装饰图形，如3D树、汽车以及街道设施；两个应用程序都支持TIN数据作为高程源。

11.2 三维可视化的基本原理

11.2.1 3D图层类型

要在3D视图中进行三维显示，图层必须包含其高度（z）信息。图层可从其自身或其他图层获得此高度信息。向3D视图中添加数据时，首先需要知道图层类型和其将发挥的作用。3D视图中有三种不同类型的图层：

① 浮动图层。通过在要素几何、要素属性或图层级别设置中包含的z值，来定义其自身在3D空间中的位置；

② 叠加图层。被放置在某个已知表面图层之上，以从该图层获得其z值；

③ 高程图层。提供要在其上放置其他图层的3D表面。

ArcGlobe和ArcScene均支持所有三种图层类型，但只有ArcGlobe在内容列表内区分各个类型。在ArcScene中，默认情况下，图层以浮动的形式进行添加。几何中没有z值的浮动图层最初以零高度值进行显示。

另外，若使用数据格式作为数据类型的分类方法，3D视图可包含以下内容：

① 要素数据。例如，地理数据库和shapefile数据，要素数据可为浮动图层或叠加图层。可将带有空间参考的要素数据添加到ArcGlobe中。通过设置高程属性和拉伸属性，可在3D模式下添加3D要素或创建要素渲染。然后，便可对要素执行分析（例如，选择），或查找要素类中的特定要素；

② 影像和栅格数据。例如，航空像片和数字高程模型（DEM），影像数据可为浮动图层或叠加图

层。可向ArcGlobe添加空间参考的影像。空间参考将指示数据在地球上出现的位置。ArcScene不要求影像具有空间参考。但是，如果需要将影像与其他数据一起显示，所有图层都需要共享同一坐标系或定义完整的空间参考。如果要显示叠加的影像，可能还需要管理图层的绘制顺序，可能使用的数据包括卫星影像、扫描的地图和分类数据（如土地覆被）；

③ 高程数据。例如，terrain数据集和不规则三角网（TIN）数据。高程数据用于提供3D表面地貌。通过将高程数据添加到3D视图中，该数据将用做在其上叠加其他数据的基本高度源。虽然表面数据通常与地球的表面相关，但它也可能是理论上的表面，例如，火灾的预测栅格、海温表面或园林建筑计划。添加的数据越详细，最终获得的表面将会越详细。在ArcGlobe中，不同的高程数据集彼此结合使用以定义单个无缝高程源。高程数据的边界将混在一起以在不同数据集之间进行过渡，而较高分辨率的数据源会自动用于叠加数据源。在ArcGlobe中进行缩放时，地球表面的分辨率将会发生变化以反映与照相机间的距离。单波段栅格、TIN和terrain数据集可在ArcGlobe中用作高程图层。包含单波段栅格的栅格目录也可在ArcGlobe中用作高程表面。在ArcScene中，图层分别引用高程源。如果图层的范围大于其叠加的高程数据，则会对图层进行裁剪以与高程图层的范围相匹配。可为每个图层设置表面的分辨率，并在浏览3D 视图时仍锁定到该细节等级。单波段栅格和TIN可在ArcScene中用作高程图层。要在ArcScene中将terrain 数据集用作高程源，请将感兴趣区域导出为栅格或TIN格式。

11.2.2　3D模式的图层绘制顺序

图层绘制顺序直接影响到当两个或多个图层占据同一个3D空间时会显示哪些数据。当创建3D视图来确保显示最适合的数据时，需要注意图层的绘制优先级。例如，可能需要对进行渲染的高分辨率的航空像片给予比低分辨率的卫星影像高的优先级。在以下环境中，图层绘制优先级显得特别重要：使用部分透明度；多个图层共用同一个3D位置；多个图层在同一表面叠加。

在ArcMap中，图层绘制顺序从内容列表（或称数据面板）的底部开始并向上移动。因此，位于内容列表顶部的图层将掩盖其下的任何图层。此方法已经部分传递到ArcGlobe中，但对于所有图层类型不一定都适用，而且在ArcScene中完全不适用。

ArcGlobe中的叠加图层与ArcMap中的最为相似。这些图层使用其在内容列表的叠加类别中的相对位置来定义其绘制顺序。与ArcMap一样，图层将按照从下至上的排列顺序进行绘制，因此列表中较高位置处的图层会遮挡位于下方的图层。图层应在叠加类别中重新排序以调整它们的绘制优先级。当新的叠加数据添加到ArcGlobe中时，应用程序将试图将新图层自动放置在叠加类别中最佳位置。

在ArcGlobe中，浮动图层可根据各自相对于地球表面的位置指定绘制顺序，地球表面处的代表性绘制顺序值为0。表面上方浮动图层的绘制优先级值为正，例如，+1。表面下方浮动图层的绘制优先级值为负；例如，-1。绘制优先级的绝对值应该反映浮动图层对于地球表面的相对位置（图11-1）。

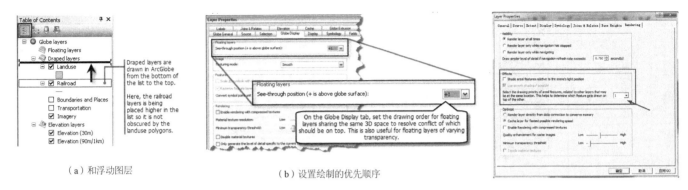

（a）和浮动图层　　　　　　　　　（b）设置绘制的优先顺序

图11-1　ArcGlobe为叠加图层　图11-2　ArcScene中管理图层绘制的
优先顺序

在ArcScene中，浮动图层和叠加图层均通过绘制优先级图层属性来定义绘制顺序。绘制优先级值的范围介于1~10之间，其中1表示最高绘制优先级。如果两个或多个图层共享同一个3D空间，绘制优先级为1的图层将掩盖绘制优先级为2或更高的图层（图11-2）。

11.2.3　设置3D图层的角色

图层可充当3D视图内的不同角色。它们可独立于其他图层浮动，叠加在独立3D表面之上或提供要叠加到的其他图层的表面高度。ArcGlobe和ArcScene中设置方式各不相同，将分别介绍。

（1）ArcGlobe中设置3D图层的角色

使用快捷菜单命令可将ArcGlobe中的图层类别更改为高程、叠加或浮动图层。对图层进行归类后，可使用该类别中图层可用的不同选项。使用"按类型列出"按钮存储内容列表时，将按照类别对ArcGlobe图层进行分组。

① 高程图层。可为其他图层提供基本高度的源。高程数据的源示例包括单波段数字高程模型（DEM）栅格、不规则三角网（TIN）和terrain数据集。在ArcGlobe中，可添加一或多个高程数据源，用作所有叠加图层的一个无缝表面。高程源之间的边界将混在一起，而较高分辨率的高程源将自动用于各地理区域。定义方式如图11-3；

② 叠加图层。可将其他图层用作高程源。对图层进行叠加以在3D表面上显示。例如，可在山顶上叠加航空照片及其关联的要素。默认情况下，栅格和2D要素将作为叠加图层添加到ArcGlobe中。定义方式如图11-4；

③ 浮动图层。用于显示未放置在高程表面上的栅格或要素。浮动图层的示例包括地下或地上公用设施、飞机和云彩。在ArcGlobe中，浮动图层将独立于定义地球表面的高程图层进行绘制。可使用偏移或其他独立表面来定义在3D空间中绘制图层的位置。定义方式如图11-5。

图层属性对话框上的高程选项卡可显示数据的显示方式（这取决于要素获取高程源的位置）。图

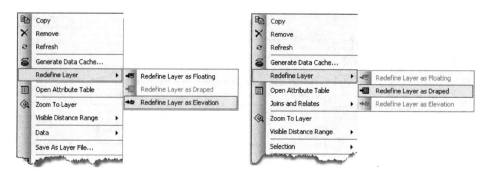

图11-3　ArcGlobe中定义高程图层　　　　图11-4　ArcGlobe中定义叠加图层

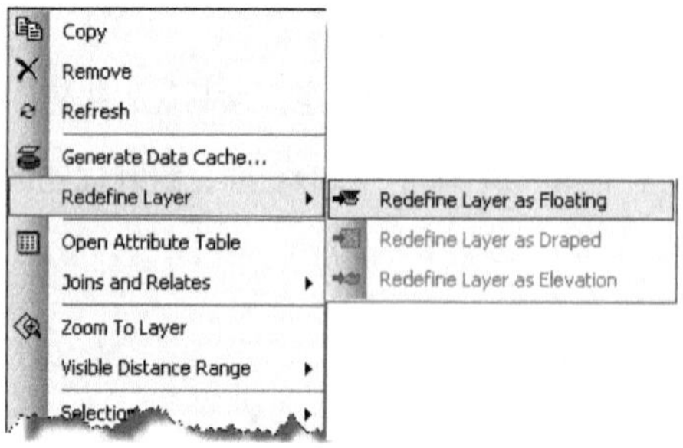

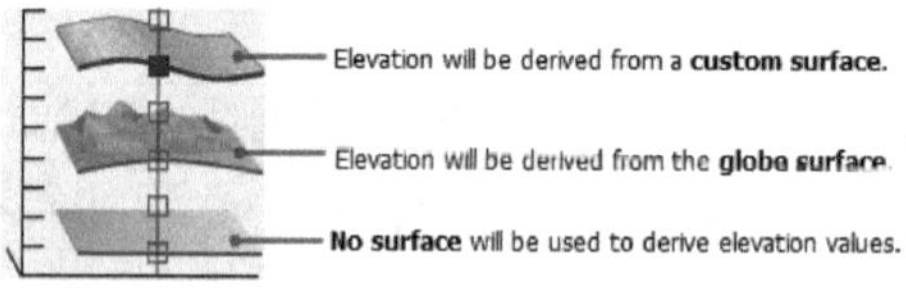

图11-6　ArcGlobe高程表面获取示意

图11-5　ArcGlobe中定义浮动图层

11-6来自高程选项卡，它会以交互方式进行更新，以反映从高程表面获取的当前图层属性。高亮显示的表面将作为所选高程源被标为红色。实心方块的位置表示图层中是否存在其他高程，或其是否具有已应用的偏移。偏移可应用于派生表面高程值之上或之下的图层。如果没有基于要素的高度，则将叠加图层，而图层以与所选表面相一致的实心方块进行显示。

（2）ArcScene中设置3D图层的角色

ArcScene不像ArcGlobe那样可以区分内容列表中的图层类别。同样，也不会像在ArcGlobe中那样可以看到"添加数据向导"；但是，图层仍可像在ArcGlobe中那样被配置为以与某特定类别相似的方式进行工作。例如，点图层可以参考栅格表面来获取其基本高程信息，这与在ArcGlobe中创建叠加图层得到的结果是一样的。

① 高程图层。

ArcScene的内容列表中没有高程的概念，只有图层。相反，每个叠加图层将指定独立于其他图层的高程数据源。

高程源图层用于为其他图层提供基本高度。高程数据源的示例包括单波段DEM栅格、TIN和terrain数据集。ArcScene不能直接将terrain数据集用作高程源，因此需要将感兴趣区域导出到栅格或TIN中才能使用数据。可以使用三维分析地形处理工具使地形转TIN或地形转栅格。

② 叠加图层。

叠加图层可将其他图层用作高程源。对图层进行叠加以在3D表面上显示。例如，可在山顶上叠加航空照片及其关联的要素。

在ArcScene中，可通过编辑图层属性重新定义图层的角色。要将数据显示为叠加到ArcScene中的表面上，可执行以下操作步骤：在内容列表中右键单击要重新分类的图层，然后单击属性——单击基本高程选项卡——如果高程源数据已是ArcScene文档的一部分并已在内容列表中列出，请从在自定义表面上浮动下拉列表中选择图层——否则，单击浏览 按钮并导航到源单波段栅格或不规则三角网（TIN）——单击确定——图层即被叠加在表面。

③ 浮动图层。

浮动图层用于显示未放置在高程表面上的栅格或要素。浮动图层的示例包括地下或地上公用设施、飞机和云彩。

在ArcScene中，浮动图层将独立于任何表面进行绘制，并可从常量值或表达式中获取高度信息，或使用存储在要素图层几何内的z值。几何中没有z值的浮动图层最初以零高度值进行显示。默认情况下，栅格和2D要素将作为浮动图层添加到ArcScene中。

图11-7显示了ArcScene的图层属性对话框中的基本高度选项。插图将发生更改以反映在基本高度选项卡上进行的选择，从而显示图层将在3D视图中的显示方式。

在ArcScene中，按照下面的步骤将数据重新定义为在3D空间中浮动。请注意，默认情况下，栅格和2D要素将作为浮动图层添加到ArcScene中。基本步骤如下：在内容列表中右键单击要重新分类的图层，然后单击属性——单击基本高程选项卡——单击使用常数值或表达式设置图层的高度，并设置适用的数字常量或表达式——如果要素具有z值，则也可以单击选项使用图层要素中的高程值——单击确定——图层即为浮动图层。

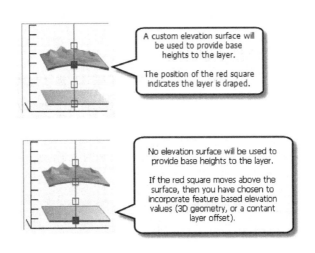

图11-7 ArcScene图层属性对话框中的基本高度选项示意

（3）ArcScene中设置图层的Z值

对于3D中不需要3D几何的要素，有两种设置基本高度的方法：① 使用属性或常量值；② 在表面上叠加要素。

使用第一个选项时，包含高度信息的属性值将被分配给图层，或用于创建可提供基本高度值的表达式。要应用的常量值可为任何整数，而该整数会成为要素在表面上的高度（以m为单位）。

第二个选项（叠加）实际上是根据表面设置基本高度。表面高程数据包括单波段数字高程模型（DEM）栅格、不规则三角网（TIN）和terrain数据集，但在ArcScene中，不能直接使用terrain数据集。首先，必须将感兴趣的区域转换为栅格或TIN。将z值提供给数据的高程表面不必位于ArcScene文档中。使用栅格图层时，可通过表面或常量值完成对基本高度的设置。

使用要素属性或表达式，可按照以下步骤在ArcScene中定义2D或3D要素的基本高程：右键单击图层，然后单击属性——单击基本高程选项卡——单击使用常数值或表达式选项——单击计算按钮 计算器——双击将为要素提供z值的字段——在所有对话框中均单击确定——将使用所选的属性作为z值来将2D要素绘制为3D形式。

使用表面来定义它们的基本高程，将会使用图层属性对话框，可通过双击内容列表中的图层以快捷方式打开该对话框。步骤：右键单击内容列表中的图层，然后单击属性——这是打开"图层属性"对话框的传统方法——单击基本高程选项卡——单击在自定义表面上浮动选项——单击下拉箭头以选择要用于基本高程的表面。或者，单击浏览按钮打开搜索尚未应用到场景中的特定表面以供使用——单击确定，将使用提供z值的所选表面来将图层绘制为3D形式。

11.3 应用案例1：城市湿地公园选址结果的三维可视化

11.3.1 三维可视化目标

之前在ArcMap中已对城市湿地公园的选址进行了分析，并输出了相应的选址结果报告。但ArcMap中其选址分析过程与结果专业性较强，易读性与直观性稍弱。为了能向市政府与公众更直观、更形象的展现选址分析过程与分析结果，需要配合之前输出的选址结果报告与专图，特别制作一段展示地块选址结果的三维动画，在动画中逐一体现目标地块已满足相应的选址准则，帮助相关部门与大众更直观形象的理解分析结果。

11.3.2 三维可视化思路

（1）识别三维可视化的目标

三维可视化的目标在于针对城市湿地公园选址的目标地块，通过三维动画简单形象的展示符合相应的选址条件的目标地块。

（2）明确三维可视化所需数据

依据所要实现的目标，所需数据主要包括两大类。第一大类是适宜地块（满足强制条件）、最适宜地块（既满足强制条件也满足优先条件）、后备地块的数据，这些地块是可视化需要重点突出的信息；第二大类是条件数据，即能体现各项选址条件的数据，通过这些条件数据的特征，从城市地块集中衬托出符合条件的目标地块。表11-1列出了湿地公园三维可视化所需的数据。

三维可视化过程中，首先需要考虑的数据是能反映整个城市的地形状况的数据，因为选址强制要求的第一条是湿地公园的建设场地海拔不能超过365m。而整个城市的地形高程或海拔数据均记录在该城市的数据高程模型中，之前分析中已浏览使用过。其它几项强制条件要求湿地公园建设场地位于河流泛洪区之外、位于现有居住区与公园150m范围之外，为了能展现目标地块符合这一条件，需要河流泛洪区数据、现有居住区与公园150m缓冲数据，反映目标地块符合这些要求。另外，对于公园建设场地必须位于河流1000m范围之内、最好距现有道路50m之内、最好位于现有污水处理中转站500m或1000m范围内这些准则，则分别需要河流周边1000m范围的缓冲数据、道路50m范围的缓冲数据、污水中转500m或1000m缓冲数据。最后，对于地块现有土地利用类型必须为空地、地块面积必须大于150000m²这两项准则，分别可通过设置地块颜色和配音解说的方式进行体现。

表11-1　城市湿地公园三维可视化所需数据列表

	选址准则	三维可视化所需数据	对应第2章数据名称
强制条件	海拔低于365m	城市海拔数字高程模型	elevation, lowland
	位于泛洪区外	河流泛洪区分布范围数据	flood_polygon
	与河流距离小于1000m	城市河流1000m缓冲数据	river_buf1
	与居民区距离不低于150m	城市居民区150m缓冲数据	res01buf
	与公园距离不低于150m	城市公园150m缓冲数据	park02buf
	地块为空地	湿地公园建设目标地块属空地数据	parcel01mrg
	面积不小于150000m²	目标地块中未有单一地块面积超过	解说配音
优先条件	与污水中转站的距离在500或1000m内	城市污水中转站500m或1000m缓冲数据	Junction_500buf, Junction_1000buf
	与现有道路距离在50m之内	城市道路分布数据	street_arc
目标地块	满足强制条件的适宜地块	适宜地块数据	parcel02sel
	满足强制条件与优先条件的最适宜地块	最适宜地块数据	parcel02sel
	单一面积大于150000m²的后备地块	后备地块数据	parcel02sel

（3）理清三维可视化的思路

对湿地公园选址结果的三维可视化主要思路如下：① 生成还原出城市的三维空间模型；包括如城市的地形、城市建成区的范围、现有土地利用类型、河流位置、城市公园分布位置等；② 逐一标识出各选址条件所涉及的空间范围，同时突出显示选址结果中的目标地块，便于更直观的辨识目标地块是否符合选址要求；③ 通过三维动画制作，逐一显示表明选址目标地块是否符合各选址要求。

11.3.3　三维可视化实现过程

（1）数据准备

建立专门文件夹，用于存放原数据和输出数据：

a. 打开ArcCatalog，在目标文件盘相应的文件夹下新建名称为"Case_11_1"的文件夹，并在此文件夹内再分别新建名称为"initial_data"和"Output_data"的文件夹，分别用于存放三维可视化所使用到的原数据和三维可视化过程中所输出的相关数据。方法为在ArcCatalog中，选中要创建文件夹的目标盘中的文件夹，右键——New——Folder——命名即可；

b. 将之前第三章城市湿地公园选址分析过程中的相关数据见表11-1中所列，拷贝至Case_13a/ initial_data的文件夹，作为制作动画的源文件。

（2）制作三维可视化动画

① 生成城市三维地形。

a. 打开ArcScene，并加入城市地形的数字高程模型，名为"elevation"的栅格数据，ArcScene默认浏览视角为鸟瞰视角；

b. 数据窗口面板中，选中elevation数据——右键——Properties——选择Base Heights选项卡——出现相应对话框（图11-8）：

• Height选项下：

Use a constant value or expression to set heights for layer表示是通过设置以常量或表达式作为基准高程，填写或点击旁边的Calculate按钮可生成提供Z值（高程值）的字段或表达式即可。

Obtain heights for layer from surface表示由表面获取要素图层的高程，要素将会以表面所提供的高程值在场景中显示。本案例中选择此项，表示以elevation所带的表面高程值进行高程显示。

• Z Unit Conversion选项下：

Apply conversion factor to place heights in same units as source 表示进行Z值单位转换，通过转换对Z值进行拉伸，转换方式有由英尺至米，由米至英尺，为了获得最佳的鸟瞰视觉效果，此值可以进行反复调整。本案例中，若不设置此Z转换值，鸟瞰效果不理想，为了突出显示城市的地形，将值设为3。

• Offset选项下：

图11-8　Base Heights设置对话框　　　　图11-9　指定高程面后的场地效果

Add an offset using a constant or expression表示可以设置偏移值，通过常量或表达式设置偏移值；

c. Base Heights设置完成后，可在数据窗口面板中，点击elevation数据下的渐变色条，调整至理想颜色。本案例中选中蓝绿色的渐变色，鸟瞰效果如图11-9。

② 添加城市其他要素，标识选址准则的空间范围并突出符合条件的目标地块。

a. 将记录城市海拔低于365m分布范围的lowland数据加入ArcScene。数据窗口面板中，选中lowland——右键——Properties——Base Heights选项卡下，并修改其 heights数据为Obtain heights for layer from surface方式，即从elevation数据中获得高程值；Z Unit Conversion 值设也为3；

b. 数据窗口面板中，点击lowland数据下表示符号——弹出对话框——可为其选择合适的填充颜色，同时将其Outline color（边框颜色）修改为No Color（图11-10），使lowland数据仅用所选择的填充颜色显

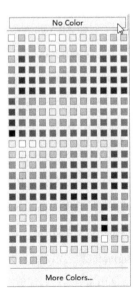

图11-10　lowland数据边框设为No Color

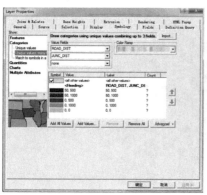 

图11-11　调整适宜地块的显示方式为渐　图11-12　渐变色显示适宜地块
变色显示

示而无边框颜色；

　　c. 将第2章选址分析结果确定的目标地块数据，名称为"Parcel02sel"，加入ArcScene。同样右键——Properties——Base heights选项卡中选择Obtain heights for layer from surface高程表示方式，Z Unit Conversion值其值设置为比3稍大些，这样能使目标地块数据Parcel02sel在lowland数据之上显示，本案例中设为3.21；

　　接下来对Parcel02sel数据按适宜程度高低进行分级显示。

　　d. 数据窗口面板中，选中Parcel02sel数据——右键——Properties——Symbology——Categories下选择Unique values，many fields唯一值多字段表示方式，Value fields字段名称分别选择ROAD_DIST和JUNC_DIST，这两个字段分别表示距道路与距污水处理中转站的距离，是划分最适宜地块与适宜地块的标准——Add All Values增加所有字段后，地块划分为5种类型，即距道路<50m距中转站<500m、距道路<50m距中转站500~1000m间、距道路>50m距中转站<500m、距道路>50m距中转站500-1000m间、距道路>50m距中转站>1000m间。显然，前两类同时满足两项优先条件，是最适宜地块，而第三四类仅满足一项优先条件，为中适宜地块，最后一类即第五类不满足两项优先条件，为适宜地块。对此，可选用一组渐变颜色表示地块的适宜程度，颜色越深表示适宜程度越高、颜色越低表示适宜程度越低，最终设置结果（图11-11）与显示结果分别（图11-12）；

　　e. 再分别将河流1000m范围缓冲数据river_buf1、城市泛洪区数据flood_polygon、居住区与公园150m范围缓冲数据respark_buf、污水中转站500m缓冲数据junction_500buf与500-1000m数据junction_1000buf、城市街道数据street_arc分别加入ArcScene。同样也均设置其Base heights为Obtain heights for layer from surface高程表示方式；并分别将Z Unit Conversion值其值设置为3~3.21之间，进行反复调整保证能在鸟瞰视图中明显辨识目标地块与各选址准则数据的空间关系；

　　f. 数据窗口面板中，重复b中的方法，逐一修改上步添加的条件数据river_buf1、flood_polygon、

respark_buf、junction_500buf、junction_1000buf的显示方式，为各数据选择合适颜色并隐藏其轮廓边框，只显示其填充颜色；

g. 修改街道数据street_arc的显示方式。城市街道数据street_arc包含整个城市街道数据，为了能突出显示重点，只需显示城市的主要街道，城市主要街道的Type类型代码为3、4。数据窗口面板中选中street_arc图层——右键——Properties——Definition Query——Query Builder——对话框——输入[TYPE]≤4——ok；

h. 调整完成后，最终显示结果如图11-13；

接下来将为整个场景创作动画，以动态全角度地方式展现选址目标地块与各选址要求的空间关系。

③ 通过捕捉不同视角，自动平滑视角间过程的方式创建动画。

先通过 ✥ Navigate（导航）将场景调整到某一个合适的视角，用 📷 capture view（捕捉场景）工具是通过捕捉该视角；然后将场景调整到另一合适的视角，再次用 📷 工具捕捉视角，依次可从不同方位不同远近捕捉多个视角。动画功能会自动平滑视角间的过程，形成一个完整连续的动画。

a. 调出Animation工具条，将使用 📷 capture view（捕捉场景）工具制作动画；

b. 将场景调整至合适视角，点击 📷 工具，拍摄下当前场景；

c. 再次改变场景视角，利用 📷 工具拍摄场景。反复操作，拍摄动画放映的主要场景，直至将所需场景拍摄完全；

d. 点击Animation工具条上的 📹 按钮，打开动画控制器，如图11-14——点击Options选择项按钮——可对动画播放进行设置：主要有两种播放方式：

• Play Options下By duration可设置动画的时间长度，单位为秒。本案例中选择此播放方式，将动画时长设为30秒；

• By number of frames Frame duration可设置播放关键帧的序号及每一关键帧的播放时间长度。

e. 设置完成后，点击Play ▶|按钮，预览动画。

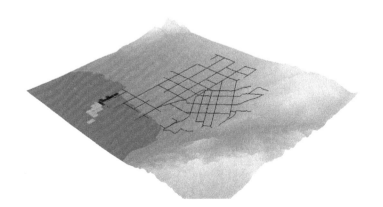

图11-13 street_arc数据显示主要街道   图11-14 Animation动画控制器

（3）输出动画

a. 将之前制作完成的动画输出成AVI的视频文件。Animation工具条——Animation下拉菜单——选择Export to Video命令——弹出对话框——在对话框中设置输出动画文件的存放路径及名称，输出动画文件类型为AVI格式——点Export（图11-15）；

b. 弹出视频压缩对话框（图11-16），选择合适的压缩程序及压缩质量，点击确定即可完成将ArcScene动画输出为可用其他多媒体播放器播放的AVI文件。本案例中此处选择默认，点击确定；

c. 动画输出完成，可再配合专业的音频软件对输出的AVI视频动画进行音乐配音和解说配音，完成整个动画的制作。

11.4　应用案例2：山地公园主园路系统的三维可视化

11.4.1　三维可视化背景

为了能更形象生动的向委托方介绍讲解山地公园主园路系统的规划结果，需要特别制作一段反映山地公园主园路系统位置的3D全景动画，让委托方清楚主园路的大致位置，以便对主园路系统规划提出反馈意见。

图11-15　Export to Video动画输出对话框

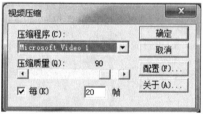

图11-16　视频压缩设置

11.4.2　三维可视化思路

（1）识别三维可视化的目标

三维可视化的目标是为之前已规划确定的山地公园主园路系统制作一段3D全景动画，栩栩如生的展示主园路的规划结果，便于获得委托方进一步的反馈意见。

（2）明确可视化所需数据

为了能生成山地公园场地的三维地形图，需要公园场地的数字高程模型数据。同时，为了能更逼真形象的展示场地的三维地形，还需要场地的遥感影像图，用于对场地三维地形进行贴图，以便更好的再现还原场地真实面貌。本案例中，公园场地的遥感影像图来源于Google earth。另外，还需要之前规划生成的主园路系统数据，这是三维可视化重点需要展示的内容。其它类型的数据如3处入口位置、4处主要景点位置也需要同时进行标注，以利于辨别主园路的引导性与方向性。表11-2列出了所需数据的内容、格式及其作用。

表11-2　明确所需数据

数据内容	数据格式	数据作用
山地公园数字TIN表面模型	TIN	生成场地的三维地形
山地公园遥感影像图	TIF	场地三维地形的贴图
主园路系统数据	矢量数据	需要向委托方展示的内容
入口位置数据	矢量数据	了解主园路的引导性与方向性
主要景点位置数据	矢量数据	了解主园路的引导性与方向性

（3）理清三维可视化的思路

相对于之前寻找主园路的空间分析过程，其三维可视化过程要简单许多。三维可视化的步骤主要有三步：第一步主要是通过公园的数字高程模型和遥感影像图生成场地的三维立体地形图；第二步是着重显示需要突出或表现的主园路系统；第三步则是围绕公园主园路，生成场地的全园鸟瞰动画，从不同方向动态地展示公园的主园路系统。

11.4.2　三维可视化实现过程

（1）数据准备

①建立专门文件夹。

a. 启动ArcCatalog，在目标盘下建立名为"Case_5b"文件夹，Case_5b下分别建立名为"source_data"和"output_data"文件夹，分别用于存放原数据的拷贝数据和输出数据；

b. 将之前分析生成的山地公园的TIN模型、主园路数据层、入口与主要景点的数据层分别拷贝至"source_data"文件夹；

② Google earth中输出山地公园场地的遥感影像图。

遥感影像图能作为场地地形的贴图，增加ArcScene中生成三维地形的逼真感和真实度。

a. 启动Google earth，在地图中找到罗旁山位置，并调整至合适的比例大小，同时尽可能将图像的色彩、对比度、清晰度调整至最适宜，这样有助于保证生成三维地形贴图效果更加逼真；

b. 隐藏地图中的地标、照片等其它图层，仅保留显示能反映场地地面实况的地图；

c. "文件"菜单栏——保存——保存图像——命名为"luopangshan_googleearth"的jpg图像文件；

d. 使用其它图像处理软件，如Photoshop，将"luopangshan_googleearth"的格式转换为tif格式。

③ 遥感影像图的空间配准。

a. 启动ArcMap，将山地公园的TIN数据、山地公园的遥感影像图"luopangshan_googleearth.tif"加入ArcMap，以TIN表面模型为参照，准备对遥感影像图进行空间配准；

b. 勾选调出Georeferencing工具条，注意Layer图层为要配准的遥感影像图"luopangshan_googleearth.tif"。同时，Georeferencing下拉菜单下——不勾选Auto Adjust；

c. 使用 Add control point（增加控制点）工具，逐一选择场地遥感影像图中的东西南北四处控制点为起始点，TIN表面模型的相对应的位置点为目标点，分别 完成起始点与目标点的对应连接，控制点连接完成后，Georeferencing下拉菜单中——Update Georeferencing（更新配准），完成图像配准（图11-17）。

图11-17 完成遥感影像与TIN表面模型配准

（2）制作三维可视化动画

① 三维地形的贴图。

a. 启动ArcScene，将山地公园地形的TIN表面模型加入ArcScene。数据加入后，默认视角为鸟瞰视角，TIN表面模型已呈三维立体显示；

b. 再将已配准好的山地公园遥感影像图"luopangshan_googleearth.tif"加入ArcScene；

c. 数据窗口面板中，选中遥感影像图——右键——Properties——选择Base Heights——出现相应对话框（图11-18）选择Obtain heights for layer from surface（表示由表面获取要素图层的高程）指定上步加入的TIN表面模型为获取高程的图层，遥感影像将会以TIN表面所提供的高程值在场景中立体显示；Z Unit Conversion，将值设为1.01，即可使遥感影像图在TIN表面模型上显示，完成对TIN表面模型的贴图。结果如图11-19。

② 突出显示公园主园路、入口、主要景点。

a. 将第4章分析获得的主园路数据层、入口与主要景点数据层分别加入ArcScene，同上面介绍的方法，分别将其Base Heights高程指定为山地公园TIN表面模型，将其Z Unit Conversion修改为1.011，使其在贴图的上方显示；

b. 修改入口的显示方式。数据窗口面板中，点击入口数据层下的显示符号——弹出对话框，如图11-20（a）——点击More Symbols——出现显示方式列表，列表前带勾表示已经添加显示到符号栏中，如图11-20（b），ArcScene有许多三维立体图例，如3D Building、3D Industrial、3D Residental、3D Trees等，可分别调出查看。本案例中，将3D Basic图例调出——入口用Red Pushpin1符号表示，明显标识出入口所在具体位置；

c. 接下来修改道路的表示符号。数据窗口面板中，点击主园路图层下的线符号——弹出Symbol Selector对话框——可选择各种线要素的表示符号，本案例中为了能清晰显示主园路，选择Highway的表

图11-18　Base Heights中参数的设置　　　　　　图11-19　贴图渲染效果

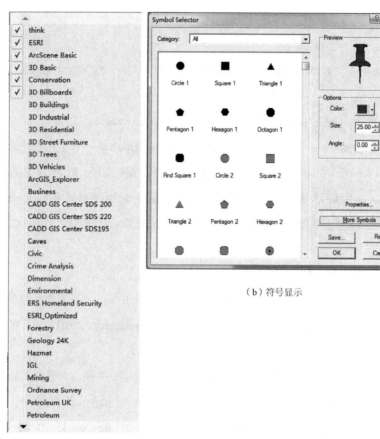

（b）符号显示

（a）添加新符号类型

图11-20 出入口符合符号的设置

示符号——点OK；

d. 同上面介绍的方法也完成对各景点数据的显示方式进行修改。修改后，由于本案例中景点为面要素，为了能突出显示，还需对其拉伸程度进行设定。方法是数据窗口中选中一景点数据——右键——Properties——Extrusion（拉伸）选项卡，Extrusion value or expression（设定拉伸值或表达式），本案例中输入2；Apply extrusion by：选择adding it to each feature's minimum height（图11-21）——OK；

e. 同样的方法对其余景点面要素进行Extrusion（拉伸）处理。

至此，主园路、入口、主要景点已突出显示，结果如图11-22。

③ Create Animation Keyframe方法制作动画。

除了前面案例中介绍的 📷 capture view（捕捉场景）生成动画的方法外，在Animation动画工具条中还提供Create Animation Keyframe（创建关键帧）工具，也可用来制作动画。它可以通过改变场景的属性、观察点远近以及观察点位置来创建不同的帧。然后用创建的一组关键帧组成轨迹演示动画。动画功

图11-21　Extrusion拉伸设置

图11-22　渲染后效果

能会自动平滑相邻两帧之间的过程，形成连续的动画。

　　a. Create Animation Keyframe（创建关键帧）的方法来制作场景动画。调出Animation工具条；

　　b. Animation下拉菜单中——Create Animation Keyframe创建关键帧——弹出对话框；

Type（类型）选择为Camera，表示由不同相机场景构成动画的帧；确定类型Type为Camera后，Source Object（目标源）选定为Camera of Main Viewer即相机所拍摄内容；Destination track（目的地路径）；点击New按钮，新建目的地路径，同时Keyframe name（关键帧名称）会自动定义为Camera keyframe1——点Create，创建第一项关键帧。

　　c. 改变场景属性，如调整相机视角、进一步靠近整个山体等，之后点击Create，抓取第二关键帧；

d. 重复以上操作，使相机移动轨迹围绕山体呈360° 旋转，旋转过程中选择不同视角抓取若干关键帧，完成所有关键帧的创建。抓取关键帧完成后点击Close，关闭创建关键帧对话框；

e. 点击Open animation controls按钮 ▣——弹出动画控制工具条———▶ ⏸ ⏹ ⏺ Options << |——点击Options，Play Options 下By duration，可设置动画时长，本案例中输入30秒——点击Play ▶️按钮，播放所有关键帧串联形成的动画。

（3）输出动画

a. 将上一步创建的动画输出。Animation下拉菜单——选择Export to Video命令——弹出对话框——在对话框中设置输出动画文件的存放路径及名称，输出动画文件类型为AVI格式——点Export；

b. 弹出视频压缩对话框，选择合适的压缩程序及压缩质量，点击确定即可完成将ArcScene动画输出为可用其他多媒体播放器播放的AVI文件。本案例中此处选择默认，点击确定；

c. 找到输出的AVI文件，即可用计算机已安装的多媒体软件播放时长为30秒的动画。

11.5　本章小结

本章详细介绍了三维可视化技术。首先需要生成地表面模型，ArcGIS可以根据带高程属性的等高线来生成地表面，生成的地表面数据主要有TIN格式、栅格数据格式。对于创建的地表面，需要通过符号化以增强其三维显示效果，可在ArcScene中进行三维浏览。基于地表面还可以利用遥感影像图为三维地表面进行贴图，使三维效果更加逼真。ArcScene中还能对点数据以三维立体符号方式，为场景添加树木、建筑、汽车等。最后，ArcScene还可以生成制作3D场景的环视动画，全方位多角度地鸟瞰式地呈现场景地形地貌、场景分析结果。

推荐阅读书目

1. 周海霞. 三维GIS中虚拟漫游路径的优化研究[D]. 杭州: 浙江大学, 2005.

2. 邹平. 城市建筑物三维可视化研究[D]. 上海: 华东师范大学, 2005.

3. 康红霞. 基于ArcGIS的三维景观建模技术研究[D]. 西安: 西安科技大学, 2006.

4. 陈应祥. 三维GIS建模及可视化技术的应用研究[D]. 武汉: 武汉理工大学, 2007.

5. 刘纬. 基于ArcGIS和SketchUp的三维地面景观技术研究[D]. 北京: 中国地质大学, 2011.

6. 王海花. GIS三维可视化平台的数据交换与分析[D]. 上海: 华东师范大学, 2009.

7. 杜福光. 基于ArcScene城市三维可视化研究与应用[D]. 西安: 西安科技大学, 2010.

8. 马亮. GoogleSketchUp与GoogleEarth在城市设计中的应用研究[D]. 赣州: 江西理工大学, 2012.

附录1：GIS景观规划应用索引

附录2：景观规划GIS技术索引

参考文献

参考文献

GIS类

Kennedy, M. 2011. ArcGIS地理信息系统基础与实训[M]. 第2版. 蒋波涛, 袁娅娅, 译. 北京: 清华大学出版社.

Mitchell, Andy. 2011. GIS空间分析指南[M]. 张旸, 译. 北京: 测绘出版社.

Chang, Kang-tsung. 2006, 地理信息系统导论[M]. 陈健飞, 等, 译. 北京: 科学出版社.

张超. 2000. 地理信息系统实习教程[M]. 北京: 高等教育出版社.

牛强. 2012. 城市规划GIS技术应用指南[M]. 北京: 中国建筑工业出版社.

秦昆. 2010. GIS空间分析理论与方法[M]. 武汉: 武汉大学出版社.

汤国安, 杨昕. 2012. ArcGIS地理信息系统空间分析实验教程[M]. 第2版. 北京: 科学出版社.

汤国安, 赵牡丹, 杨昕, 周毅. 2010. 地理信息系统[M]. 第2版. 北京: 科学出版社.

吴静, 何必, 李海涛. 2011. ArcGIS 9.3 Desktop地理信息系统应用教程[M]. 北京: 清华大学出版社.

吴秀芹. 2007. ArcGIS 9 地理信息系统应用与实践[M]. 北京: 清华大学出版社.

景观规划类

Steiner, F. R. 2004. 生命的景观——景观规划的生态学途径(第二版) [M]. 周年兴, 李小凌, 俞孔坚, 译. 北京: 中国建筑工业出版社.

伊恩·伦诺克斯·麦克哈格. 2006. 设计结合自然[M]. 芮经纬, 译. 天津: 天津大学出版社.

梅安新. 2010. 遥感导论[M]. 北京: 高等教育出版社.

徐建华. 2002. 现代地理学中的数学方法[M]. 第二版. 北京: 高等教育出版社.

邬建国. 2000. 景观生态学: 格局、过程、尺度与等级[M]. 北京: 高等教育出版社.

肖笃宁, 李秀珍, 高峻, 常禹, 李团胜. 2003. 景观生态学[M]. 北京: 科学出版社.

Bagdanaviciute, I., Valiunas, J. 2013. GIS-based land suitability analysis integrating multi-criteria evaluation for the allocation of potential pollution sources[J], Environmental Earth Sciences, 68(6): 1797-1812.

Boroushaki, S., Malczewski, J. 2008. Implementing an extension of the analytical hierarchy process using ordered weighted averaging operators with fuzzy quantifiers in ArcGIS[J]. Computers & Geosciences, 34(4): 399-410.

Boroushaki, S., Malczewski, J. 2010. Using the fuzzy majority approach for GIS-based multicriteria group decision-making[J]. Computers & Geosciences, 36(3): 302-312.

Collins, M. G., Steiner, F. R., Rushman, M. J. 2001. Land-use suitability analysis in the United States: Historical development and promising technological achievements[J]. Environmental Management, 28(5): 611-621.

Conine, A., Xiang, W. N., Young, J., Whitley, D. 2004. Planning for multi-purpose greenways in Concord, North Carolina[J]. Landscape and Urban Planning, 68(2-3): 271-287.

Dame, J. K., Christian, R. R. 2008. Evaluation of ecological network analysis: Validation of output[J]. Ecological Modelling, 210(3): 327-338.

Diao, Y. N., Xiang, W. N. 2002. Button design for map overlays: 2[J], *Environment and Planning* B-Planning & Design, 29(5): 673-685.

Du, Q., Zhang, C., Wang, K. Y. 2012. Suitability Analysis for Greenway Planning in China: An Example of Chongming Island[J]. Environmental Management, 49(1): 96-110.

Fabos, J. G. 2004. Greenway planning in the United States: its origins and recent case studies[J],.Landscape and Urban Planning, 68(2-3): 321-342.

Fath, B. D., Scharler, U. M., Ulanowicz, R. E., Hannon, B. 2007. Ecological network analysis: network construction[J]. Ecological Modelling, 208(1): 49-55.

Hellmund, P. C., Smith, D. 2006. Designing Greenways: Sustainable Landscapes for Nature and People[M]. Island Press, Washington, DC.

Hoctor, T. S., Carr, M. H., Zwick, P. D. 2000. Identifying a linked reserve system using a regional landscape approach: The Florida ecological network[J]. Conservation Biology, 14(4): 984-1000.

Hong, S. H., Han, B. H., Choi, S. H., Sung, C. Y., Lee, K. J. 2013. Planning an ecological network using the predicted movement paths of urban birds[J]. Landscape and Ecological Engineering, 9(1): 165-174.

Jongman, R. H. G., Bouwma, I. M., Griffioen, A., Jones-Walters, L., Van Doorn, A. M. 2011. The Pan European Ecological Network: PEEN[J], Landscape Ecology, 26(3): 311-326.

Jongman, R. H. G., Kulvik, M., Kristiansen, I. 2004. European ecological networks and greenways[J].Landscape and Urban Planning, 68(2-3): 305-319.

Kong, F., Yin, H., Nakagoshi, N., Zong, Y. 2010. Urban green space network development for biodiversity conservation: Identification based on graph theory and gravity modeling[J]. Landscape and Urban Planning, 95(1-2): 16-27.

Linehan, J., Gross, M., Finn, J. 1995. Greenway planning-developing a landscape ecological network approach[J]. Landscape and Urban Planning, 33(1-3): 179-193.

Little, C. 1990. Greenways for American[M]. Baltimore: Johns Hopkins University Press.

Malczewski, J. 1996. A GIS-based approach to multiple criteria group decision-making[J]. International Journal of Geographical Information Systems, 10(8): 955-971.

Malczewski, J. 2000. On the use of weighted linear combination method in GIS: Common and best practice approaches[J]. Transactions in GIS, 4(1): 5-22.

Malczewski, J. 2004 GIS-based land-use suitability analysis: a critical overview[J]. Progress in Planning, 62: 3-65.

Malczewski, J. 2006. GIS-based multicriteria decision analysis: a survey of the literature[J]. International Journal of Geographical Information Science, 20(7): 703-726.

Malczewski, J., Chapman, T., Flegel, C., Walters, D., Shrubsole, D., Healy, M. A. 2003. GIS - multicriteria evaluation with ordered weighted averaging(OWA): case study of developing watershed management strategies[J]. Environment and Planning A, 35(10): 1769-1784.

Miller, W., Collins, M. G., Steiner, F. R., Cook, E. 1998. An approach for greenway suitability analysis[J].Landscape and Urban Planning, 42(2-4): 91-105.

Opdam, P., Steingrover, E., van Rooij, S. 2006. Ecological networks: A spatial concept for multi-actor planning of sustainable landscapes[J]. Landscape and Urban Planning, 75(3-4): 322-332.

Rob, J., Gloria, P. 2004. Ecological Networks and Greenways: Concept, Design, Implementation[M].Cambridge University Press, London.

Shearer, K. S., Xiang, W. N. 2007. The Characteristics of Riparian Buffer Studies[J]. Journal of Environmental Informatics, 9(1): 41-55.

Steiner, F., McSherry, L., Cohen, J. 2000. Land suitability analysis for the upper Gila River watershed[J], Landscape and Urban Planning, 50(4): 199-214.

Vuilleumier, S., Prelaz-Droux, R. 2002. Map of ecological networks for landscape planning[J]. Landscape and Urban Planning, 58(2-4): 157-170.

Xiang, W. N. 1996. GIS-based riparian buffer analysis: Injecting geographic information into landscape planning[J]. Landscape and Urban Planning, 34(1): 1-10.

Xiang, W. N. 1996. A GIS based method for trail alignment planning[J]. Landscape and Urban Planning 35(1): 11-23.

Xiang, W. N. 2000. A theoretical framework for weight-value set construction in land suitability assessment[J]. Environment and Planning B-Planning & Design, 27(4): 599-614.

Xiang, W. N. 2001. Weighting-by-choosing: a weight elicitation method for map overlays[J]. Landscape and Urban Planning, 56(1-2): 61-73.

Xiang, W. N., Salmon, F. W. 2001. Button design for weighted map overlays[J]. Environment and Planning B-Planning & Design, 28(5): 655-670.

Xiang, W. N., Whitley, D. L. 1994. Weighting Land Suitability Factors by the Plus Method[J]. Environment and Planning B-Planning & Design, 21(3): 273-304.

Yu, K. J., Li, D. H., Li, N. Y. 2006. The evolution of Greenways in China[J]. Landscape and Urban Planning, 76(1-4): 223-239.

Zhang, L. Q., Wang, H. Z. 2006. Planning an ecological network of Xiamen Island(China)using landscape metrics and network analysis[J]. Landscape and Urban Planning, 78(4): 449-456.

致谢 ACKONWLEDGEMENTS

衷心感谢华东师范大学上海市城市化生态过程与生态恢复重点实验室、桂林理工大学旅游学院为本书提供了真实丰富的应用案例，使本书能够总结形成9种针对景观规划类行业的GIS技术。感谢桂林理工大学2008级~2011级景观学、风景园林学专业的学生，他们参与了景观规划GIS技术的教学案例实践，并反馈了宝贵的实践心得与体会。特别感谢华东师范大学地理信息科学教育部重点实验室的张超博士，他时常关注着本书的写作进展，并帮助完成了本书第1章~第3章、第9章的编写工作。此外，还要特别感谢桂林理工大学旅游学院李海防教授，在本书临近交稿阶段，帮助完成了本书第8章的编写工作。

由于GIS在景观规划领域有着非常广泛的适用性，本书介绍的GIS技术只是作者结合实际案例，初步探索总结出的一些经验技术，书中可能还会存在一些错误，尤其是在新版的ArcGIS界面又有更新之地方。我们真诚地欢迎同学、老师、学者在使用本书时提出宝贵意见，将GIS在景观规划中应用的经验教训反馈给我们，以帮助改进完善景观规划GIS应用技术，挖掘出更多的景观GIS应用技术，使GIS更好地服务于景观规划！

杜　钦

2014年11月